Hermann Joseph Klein

Ansichten aus Natur und Wissenschaft Für Gebildete

Hermann Joseph Klein

Ansichten aus Natur und Wissenschaft Für Gebildete

ISBN/EAN: 9783741184505

Hergestellt in Europa, USA, Kanada, Australien, Japan

Cover: Foto ©berggeist007 / pixelio.de

Manufactured and distributed by brebook publishing software
(www.brebook.com)

Hermann Joseph Klein

Ansichten aus Natur und Wissenschaft Für Gebildete

Ansichten

aus

Natur und Wissenschaft.

Für Gebildete.

Von

Hermann J. Klein,

Doctor der Philosophie, Herausgeber der „Gaea“ und d. r „Vierteljahresrevue der Natur-
wissenschaften“, Mitglied der astronomischen Gesellschaft, der naturforschenden Gesellschaft
„Isis“ in Dresden, der wetterauischen Gesellschaft für die gesammte Naturkunde zu Hanau, der
naturforschenden Gesellschaft zu Danzig u. u.

Graz, 1875.

Druck und Verlag von Leykam-Josefsthal.

Vorwort.

—— ——

Das gegenwärtige Buch reiht sich meiner Schrift „Naturwissenschaftliche Bilder und Skizzen", welche in demselben Verlage erschienen ist, an. Wie diese enthält es eine ausgewählte und methodisch geordnete Sammlung von Arbeiten, die zu verschiedenen Zeiten und an verschiedenen Orten bereits vor ein engeres Publikum getreten sind. Für die gegenwärtige Sammlung wurden sie natürlich überall wo nöthig umgearbeitet und, dem dermaligen Zustande der Wissenschaft entsprechend, vervollständigt. Obgleich allgemein verständlich, dürften die nachstehenden Aufsätze doch Vieles enthalten, was auch dem mit dem Gegenstande bereits vertrauten Leser, neue Gesichtspunkte eröffnet.

Hoffentlich wird der Fachmann anerkennen, daß neben großer Sorgfalt in der Form der Darstellung, überall der Charakter der Wissenschaft · streng gewahrt worden, und daß ich auch in diesem Buche dem Grund= satze treu geblieben bin, den ich seit mehr als 10 Jahren in meiner naturwissenschaftlichen Zeitschrift „Gaea" nicht ohne Erfolg vertreten habe: „Populär der Form, wissen= schaftlich dem Gehalte nach."

Köln.

Der Verfasser.

Inhaltsübersicht.

Zur Geschichte, Theorie und Praxis der Spectralanalyse.

~·~·~·~·~

ıle

I.

Die Spectralanalyse ist der jüngste und merk=
würdigste Zweig der allgemeinen Physik. In der That
hätte Niemand vor einem Viertel=Jahrhundert ahnen
können, daß es uns heute, Dank einer ebenso einfachen
als sichern Analyse des Lichtes, möglich sei, bis in die
entlegensten Regionen des Weltraumes einzubringen und
die stoffliche Zusammensetzung von Körpern zu ermitteln,
die unserer Berührung ewig unerreichbar, in ungemessenen
Fernen sich befinden. Aber während die Spectralanalyse
über die stofflichen Elemente auf entfernten Weltkörpern
Aufschluß verschafft, hat sie uns auch über die Materie
in unserer nächsten Nähe die merkwürdigsten Aufschlüsse
gegeben; nicht allein lehrte sie uns vier neue Elemente
kennen, von deren Existenz der Chemiker vordem keine
Ahnung besaß, sondern sie hat auch unsere Vorstellungen
über die Häufigkeit gewisser einfacher Stoffe wesentlich
modificirt und berichtigt. Mit Hilfe der Spectralanalyse
überzeugen wir uns, daß wir allenthalben auf der Erde,
zu jeder Zeit und in allen Lagen, der Natriumverbin=

1 *

bungen uns nicht erwehren können. Der Staub, den Jeder=
mann mit sich herumträgt enthält Natriumverbindungen.
Wenn man in die Hände klatscht, den Rock schüttelt, ein
Buch zusammenklappt, mit dem Fuße auf den Boden
stampft: sofort zeigt die nicht leuchtende Flamme, welche
bei der spectralanalytischen Untersuchung benutzt wird,
die Reaction auf Natrium! Kein Mensch hätte früher an
eine so allgemeine Verbreitung der Natriumverbindungen
gedacht. Das Metall Lithium war früher nur in einigen,
noch dazu seltenen Mineralien aufgefunden worden; da
kam die Spectralanalyse und zeigte, daß dieses Element
ganz allgemein verbreitet ist. Mit Hülfe der Spectral=
analyse läßt sich der breitausendmillionte Theil von
einem Gramm eines Natriumsalzes mit Bestimmtheit nach=
weisen, der hundertmillionte Theil von einem Gramm
Lithium u. s. w. Eine quantitative Analyse von solcher
Feinheit und Empfindlichkeit übersteigt weitaus das kühnste
Hoffen von vordem!

Und wer ist nun der Entdecker dieser merkwürdigen
Analyse? Es sind die beiden Heidelberger Professoren
Kirchhoff und Bunsen, der Eine ein eminenter
Physiker, der Andere ein berühmter Chemiker. In ihnen
haben sich Physik und Chemie gewissermaßen die Hände
gereicht, um eine neue Methode zu schaffen, das beiden
Wissensgebieten von größter Wichtigkeit geworden. Wenn
man in Heidelberg in einer Gesellschaft oder an einem
öffentlichen Orte den Professor Kirchhoff trifft, so
kann man sich darauf verlassen, daß der Professor
Bunsen nicht weit entfernt ist, und umgekehrt. So wie

diese beiden Forscher im Leben durch die Bande unzer=
trennlicher Freundschaft einander nahe stehen, so hat die
Entdeckung der Spectralanalyse für die fernste Zukunft
ihre Namen untrennbar mit einander verknüpft. Wo
immer von Spectralanalyse gesprochen wird, da wird
auch ihrer gedacht!

Ohne Ansprüche von Rechts und Links ist das Debut
freilich nicht abgelaufen; es hat sich auch bezüglich der
Spectralanalyse gezeigt, daß Mancher nahe daran war
den Schatz zu heben, aber gefunden haben ihn erst die
Heidelberger.

Der Erste welcher sich mit der Untersuchung des
Sonnenspectrums befaßte, ist bekanntlich Newton ge=
wesen. Im Jahre 1675 überreichte er der Royal Society
seine berühmte Abhandlung über Optik, in welcher er die
Zerlegung des weißen Sonnenlichtes durch das Prisma
in ein längliches Farbenband (Spectrum) nachwies. Er
ließ das Sonnenlicht durch ein rundes Loch auf das
Prisma fallen und sah dann einen ununterbrochenen
farbigen Streifen, welcher alle Regenbogenfarben enthielt.
Im Jahre 1802 wiederholte Wollaston, den die
Engländer den Papst nannten, weil er sich bei seinen
zahlreichen Untersuchungen angeblich nie irrte, die New=
ton'schen Versuche. Er ließ das Sonnenlicht statt durch
ein rundes Loch durch einen feinen Spalt auf das Prisma
fallen, und zwar so, daß die Kante des Brechungswinkels
parallel mit dem Spalte war. Auf diesem Wege erhielt
Wollaston ein Spectrum, welches mehrere schwarze
Linien, so ziemlich auf den Grenzen der Hauptfarben,

zeigte. Leider bewährte sich bei dieser Beobachtung sein
päpstlicher Beiname ganz und gar nicht; denn er gerieth
auf die Idee, jene schwarzen Querlinien bezeichneten die
natürlichen Grenzen der benachbarten Farbenreiche, und
ohne sich weiter zu fragen, wie es denn komme, daß diese
natürlichen Grenzen in der angegebenen Weise charakterisirt
seien, ließ er die Sache liegen und entging dadurch dem
Ruhme einer großen Entdeckung. Die dunklen Linien
Wollaston's konnte Newton aus dem Grunde nicht
sehen, weil er das Sonnenlicht durch ein rundes Loch
auf das Prisma fallen ließ. Auf diese Weise erhielt er
kein sogenanntes reines Spectrum, sondern eine Reihe
von solchen, welche sich gegenseitig überdeckten, weil das
Licht von verschiedenen Stellen des runden Loches auf
das Prisma fiel. Der erste welcher die dunklen Linien
genauer untersuchte, war der berühmte deutsche Optiker
Fraunhofer, im Jahre 1814. Er sah deren eine
große Anzahl und maß von 576 die genaue Lage. Die
am stärksten hervortretenden bezeichnete er bei Roth an-
fangend, mit den Buchstaben A bis H.

Fraunhofer blieb indeß nicht bei der Auffindung
der zahlreichen dunklen Linien des Sonnenspectrums stehen,
sondern untersuchte auch das Spectrum verschiedener Sterne
und des elektrischen Lichtes. Als er das Licht des äußern
Flammenmantels einer Kerze durch sein Prisma fallen
ließ, entdeckte er, daß es homogen gelb sei und sich im
Spectrum auf eine doppelte Linie reducire. Er erinnerte
sich, daß eine dunkle Doppellinie genau an derselben
Stelle im gelben Theile des Sonnenspectrums ebenfalls

auftrete. Auf eine sinnreiche Weise ließ er beide Spectra übereinander fallen und fand die vollkommenste Ueber=einstimmung in Bezug auf jene Doppellinie. Es ist die Linie D gemeint, und Fraunhofer konnte nicht ahnen, daß ihr Auftreten die Gegenwart von Natrium anzeige.

Im Jahre 1825 beschäftigte sich Sir John Herschel mit Untersuchung der Spectra gefärbter Flammen und kam dabei zu der (richtigen) Behauptung, daß die Farben, welche verschiedene Körper der Flamme ertheilen, in vielen Fällen ein einfaches und leichtes Mittel dar=bieten, außerordentlich kleine Mengen davon zu entdecken.

Die wichtigsten Fortschritte bahnte um diese Zeit Fox Talbot an. Im Jahre 1826 veröffentlichte er eine Abhandlung, in welcher er nachzuweisen suchte, daß die gelbe Linie (D) das Vorhandensein des Schwefels an=zeige und daß die Kalisalze eine violette und rothe Linie als Spectrum geben. Zum Schlusse seiner Untersuchungen sprach er die Ansicht aus, daß gewissen Körpern gewisse Spectrallinien eigenthümlich seien. Wenn diese Meinung, fuhr er fort, sich als richtig herausstellt, so würde ein Blick auf das prismatische Spectrum einer Flamme hin=reichen, um zu beweisen, daß in ihr Substanzen vorhanden sind, welche sonst nur eine mühsame chemische Analyse nachzuweisen vermag. Im Jahre 1827 untersuchte Talbot die Spectra des Strontians und Lithiums. Er sagt hier=über: „Die Flamme des Strontians gibt im Spectrum eine große Anzahl von rothen Linien, alle von einander durch dunkle Zwischenräume geschieden, ohne des Orange zu gedenken und einer sehr scharfen hellen blauen Linie.

Das Lithium gibt nur einen rothen Strahl. Hiernach zögere ich nicht, zu erklären, daß die optische Analyse im Stande ist, die kleinsten Mengen dieser beiden Elementarkörper mit der gleichen, wenn nicht größeren Sicherheit anzugeben, als dies nach jeder andern bekannten Methode möglich ist. Im Jahre 1836 veröffentlichte Talbot Beschreibungen der Spectra des Goldes, des Kupfers, des Zinkes, der Borsäure und des Baryts. Mit demselben Gegenstande beschäftigte sich um diese Zeit auch Brewster und legte seine bezüglichen Resultate 1842 der brittischen Gesellschaft auf der Versammlung zu Manchester vor. Er hob ausdrücklich hervor, daß die hellen Linien, welche in unseren Flammen charakteristisch für gewisse Elemente sind, ihrer Lage nach genau übereinstimmen mit den dunklen Linien des Sonnenspectrums, eine Thatsache welche, wie oben bemerkt, für die Doppellinie D bereits Fraunhofer constatirt hatte. „Als ich,“ sagte er, „mittels eines ausgezeichneten Prisma’s von Fraunhofer das Spectrum des brennenden Salpeters untersuchte, war ich überrascht, die von Talbot entdeckte rothe Linie von mehreren anderen begleitet zu sehen, und wahrzunehmen, daß der äußerste rothe Strahl genau mit der dunklen Linie A im Sonnenspectrum zusammenfällt. Nicht minder erstaunte ich darüber, daß eine andere helle Linie mit der dunklen Fraunhofer’schen Linie B correspondirt. — Ich untersuchte mit der größten Aufmerksamkeit eine Reihe anderer Flammen und fand, wie auch bei ihnen die Eigenthümlichkeit stattfindet, daß ihre

hellen Linien mit dunkeln des Sonnenspectrums zu=
sammenfallen."

Im Jahre 1845 veröffentlichte Professor W. A.
Miller seine Untersuchungen über die Flammenspectra
der Erdalkalimetalle und lieferte Zeichnungen derselben,
die leider den Fehler besitzen, daß sie nicht charakteristisch
genug sind, um als Erkennungsmittel für diese Metalle
zu dienen. Die Ursache dieser Unvollkommenheit ist, bei=
läufig bemerkt, darin zu suchen, daß er sich bei seinen Ver=
suchen einer leuchtenden Flamme bediente, statt einer nicht
leuchtenden. Später haben Wheatstone, Masson, Ang=
ström, van der Willigen, Plücker und Despretz sich
viel mit Untersuchungen über das Spectrum des elektrischen
Funkens beschäftigt. Die Folgerung, daß die hellen Linien
des Spectrums eines glühenden Gases ausschließlich durch
die einzelnen chemischen Bestandtheile desselben bedingt
seien, drängte sich mehr und mehr auf, aber der Beweis
war nicht erbracht, und ebenso blieb es vollkommen
räthselhaft, weshalb den hellen Linien der Spectra
glühender Gase, dunkle Linien im Sonnenspectrum ent=
sprächen. Im Jahre 1857 veröffentlichte Swan seine
Untersuchungen über die prismatischen Spectra der
Flammen von Kohlenwasserstoffverbindungen und bewies
durch Experimente, daß die fast stets auftretende, helle,
gelbe Linie, welche der dunklen Linie D im Sonnen=
spectrum entspricht, nicht dem Schwefel, sondern dem
Natrium angehöre. Er fand auch, daß die Menge
Kochsalz, welche ausreicht, diese Linie zu zeigen, über alle
Vorstellung klein ist. „Betrachten wir," sagt er, „die fast

universelle Verbreitung der Natriumsalze und die merk=
würdige Eigenschaft derselben zur Hervorbringung eines
gelben Lichtes, so scheint es sehr wahrscheinlich, daß die
gelbe Linie, welche in dem Spectrum fast aller Flammen
erscheint, jedesmal von der Anwesenheit kleiner Natrium=
mengen herrührt."

So weit waren die Untersuchungen gediehen, als
Kirchhoff und Bunsen sich mit dem Gegenstande
zu beschäftigen begannen. Kirchhoff wollte das Zu=
sammenfallen der Natriumlinien mit der dunklen Doppel=
linie D des Sonnenspectrums auf directe Weise prüfen.
Er entwarf zu diesem Ende ein mäßig helles Sonnen=
spectrum und brachte dann vor den Spalt des Apparates
eine Natriumflamme. Er sah nun die dunkeln Linien D
sich in helle verwandeln. Die Bunsen'sche Lampe zeigte
die Natriumlinien auf dem Sonnenspectrum mit einer
nicht erwarteten Helligkeit. Um zu finden, wie weit die
Lichtstärke des Sonnenspectrums sich steigern ließe, ohne
daß die Natriumlinien dem Auge verschwinden, ließ
Kirchhoff den vollen Sonnenschein durch die Natrium=
flamme auf den Spalt fallen und sah mit Erstaunen
die dunkeln Linien D in außerordentlicher Stärke hervor=
treten. Er ersetzte nun das Licht der Sonne durch Drum=
mond'sches Licht, dessen Spectrum, wie das Spectrum
eines jeden glühenden, festen oder flüssigen Körpers, keine
dunkeln Linien hat. Wurde dieses Licht durch eine geeignete
Kochsalzflamme geleitet, so zeigten sich in dem Spectrum
dunkele Linien an den Orten der Natriumlinien. Dasselbe
trat ein, wenn statt des glühenden Kalkcylinders ein

Platindraht benutzt wurde, der durch die Flamme glühend gemacht und durch einen elektrischen Strom seinem Schmelzpunkte nahe gebracht war. Diese Erscheinungen, bemerkte Kirchhoff, finden eine leichte Erklärung in der Annahme, daß eine Natriumflamme eine Absorption ausübt auf die Strahlen von der Brechbarkeit derer, die sie selbst aussendet, für alle anderen aber ganz durchsichtig ist. Ein eingehendes Studium der bei dem ganzen Vorgange stattfindenden physikalischen Bedingungen führte Kirchhoff zu dem wichtigen Satze, daß für jede Strahlengattung das Verhältniß zwischen dem Emissionsvermögen und dem Absorptionsvermögen für alle Körper bei derselben Temperatur das gleiche ist. Ein glühendes Gas absorbirt also nur die Strahlen, welche es selbst aussendet, und übt auf Strahlen der Farben, die in seinem Spectrum vorkommen, eine um so stärkere Absorption, je größer die Helligkeit dieser Farben in seinem Spectrum ist. Für Strahlen von Farben, die in seinem Spectrum fehlen und die in dem Spectrum eines andern Körpers von derselben Temperatur vorhanden sind, ist es vollkommen durchsichtig. Die hier ausgesprochene Eigenschaft läßt sich für den glühenden Natriumdampf sehr hübsch einer größeren Versammlung mit Hilfe eines von Bunsen construirten Apparates zeigen.

Die Versuche mit den Natriumlinien bildeten bei den Heidelberger Forschern nur die erste Staffel zu einer Reihe von weiteren Experimenten, Untersuchungen und Rechnungen, aus denen schließlich die Spectralanalyse fix und fertig hervorging und gleich in ihrem Gefolge, gewissermaßen als kleine Probe von dem was sie werde leisten können, einige Entdeckungen ersten Ranges mitbrachte.

Zunächst wurde nun für eine große Anzahl von Metallen die Lage der hellen Linien ihrer Spectra genau bestimmt und auf dunkele Linien des Sonnenspectrums bezogen. Dabei fiel Kirchhoff auf, daß an allen Orten, wo er im Spectrum des Eisens helle Linien einzeichnete, im Sonnenspectrum dunkele sich befanden und je glänzender die ersteren waren, um so dunkeler die letzteren sich zeigten. Eine solche Uebereinstimmung konnte unmöglich als ein Spiel des Zufalls angesehen werden, zum Ueberflusse aber untersuchte Kirchhoff diese Thatsache auch noch nach den Regeln der Wahrscheinlichkeitsrechnung und fand, indem er 60 der am besten coincidirenden Linien auswählte, daß man eine Trillion gegen Eins wetten könne, daß beide Sorten von Linien, die hellen im Eisenspectrum und die entsprechenden dunkelen im Sonnenspectrum, demselben Elemente, d. h. dem Eisen, ihr Dasein verdanken. Aber noch mehr. Die angegebene große Wahrscheinlichkeit wird noch dadurch erhöht, daß je heller eine Eisenlinie, desto dunkeler die entsprechende Linie des Sonnenspectrums ist. „Es muß also," bemerkt Kirchhoff, „eine Ursache vorhanden sein, welche diese Coincidenzen bewirkt. Es läßt sich eine solche Ursache angeben, welche hierzu vollkommen geeignet ist. Die beobachtete Thatsache erklärt sich, wenn die Lichtstrahlen, welche das Sonnenspectrum geben, durch Eisendämpfe gegangen sind und hier die Absorption erlitten haben, welche Eisendämpfe ausüben müssen.

Zugleich ist dies die einzige angebbare Ursache dieser Coincidenzen, ihre Annahme erscheint daher als eine noth=wendige. Noch könnten die Eisendämpfe in der Atmosphäre der Sonne oder der Erde vorhanden sein. Aber in unserer Atmosphäre kann man unmöglich Eisendämpfe in einer Menge annehmen, die zureichend wäre, um so ausgezeichnete Absorptionslinien im Sonnenspectrum hervorzurufen, als die den Eisenlinien entsprechenden sind; um so weniger, als diese Linien nicht eine merkbare Veränderung erleiden, wenn die Sonne sich dem Horizont nähert. Der Annahme solcher Dämpfe in der Atmosphäre der Sonne, steht aber bei der Höhe der Temperatur, die wir dieser zuschreiben müssen, nichts entgegen. Die Beobachtungen des Sonnen=spectrums scheinen mir hiernach die Gegenwart von Eisen=dämpfen in der Sonnenatmosphäre mit einer so großen Sicherheit zu beweisen, als sie bei den Naturwissenschaften überhaupt erreichbar ist." Nachdem so die Gegenwart eines Stoffes in der Sonnenatmosphäre nachgewiesen war, lag die Vermuthung nahe, daß auch noch andere Elemente dort vorhanden sein dürften. Kirchhoff zögerte nicht in dieser Richtung Untersuchungen anzustellen und fand in der That aus der übereinstimmenden Lage der Spectral=linien die Anwesenheit von Calcium, Magnesium, Chrom, Nickel, Barium, Kupfer und Zink, wozu noch Natrium kommt, in der Sonnenatmosphäre. Wir verlassen jedoch für jetzt das astronomische Gebiet, auf welches uns Kirch=hoff's Untersuchungen führen, da wir später darauf zurückkommen müssen. Hier wollen wir uns bloß mit den

Erweiterungen unſerer chemiſchen Kenntniſſe durch die Spectralanalyſe beſchäftigen.

Es war kurz nach den erſten Unterſuchungen der Flammenſpectra, als Bunſen eine Arbeit über die Alkaliſalze unternahm, welche er durch Eindampfen einer größeren Menge des Dürkheimer Mineralwaſſers erhalten hatte. Als er nun nach Abſcheidung aller übrigen darin befindlichen Körper das Gemiſch der Chloride der Alkali= metalle mit dem Spectroſkope unterſuchte, ſah er in dem Spectrum einige Linien, welche er nie zuvor geſehen hatte und die weder dem Kalium noch dem Natrium oder Lithium, den drei bis dahin bekannten Alkalimetallen, angehören konnten. Bunſen ſchloß hieraus, daß das Dürkheimer Mineralwaſſer noch bisher unbekannte Elemente aus der Gruppe der Alkalimetalle enthalten müſſe, und ſo groß war ſein Vertrauen auf die Ausſage des Spectro= ſkops, daß er 880 Centner des Dürkheimer Waſſers ein= dampfte, um die Verbindung dieſer neuen Metalle daraus zu iſoliren. Es gelang ihm dies in der That wenngleich das Dürkheimer Mineralwaſſer nur ſo außerordentlich geringe Mengen derſelben enthält, daß jene 880 Centner Waſſer bloß 16·5 Gramm der gemiſchten Chloride lieferte. Die beiden Metalle, welche Bunſen auf dieſe Weiſe entdeckte, nannte er Caeſium und Rubidium. Man fand bald, daß ſie nicht bloß im Dürkheimer Mineralwaſſer, ſondern auch an anderen Orten vorkommen; Rubidium iſt gegenwärtig ſogar im Tabak, im Kaffee, Thee, Cacao ꝛc. aufgefunden.

Kaum war die Auffindung der beiden neuen Elemente

der Welt bekannt geworden, als Crookes in London im selenhaltigen Schlamme der Schwefelsäurefabrik zu Til=kerode am Harze, wiederum mit Hilfe der Spectral=analyse, ein neues Element entdeckte und dasselbe auch isolirte. Er nannte es Thallium von der schönen grünen Linie, durch welche sich dieser Körper im Spectroskope verräth. Die Herren Reich und Richter zu Freiberg in Sachsen, entdeckten 1864 in gewissen Zinkerzen das Indium, kenntlich an einer schönen, blauen Spectrallinie. Es ist ein weißes, dem Zinke ähnliches Metall.

Diese vier neuen Elemente haben bisher eine be=sondere technische Verwendung noch nicht gefunden. Es ist das auch sehr natürlich, wenn man bedenkt, wie schwierig ihre isolirte Darstellung ist und in wie geringen Quantitäten sie nur erhalten werden können; vielleicht besitzen diese Elemente auch an und für sich keine technische Verwendbarkeit. Dagegen hat die Spectralanalyse eine große industrielle Wichtigkeit für die Fabrication von Gußeisen nach dem Verfahren von Bessemer gefunden. Stahl unterscheidet sich von Gußeisen dadurch, daß er weniger Kohlenstoff enthält. Nach dem Bessemer'schen Verfahren wird durch weißglühendes, geschmolzenes Gußeisen ein Luftstrom geblasen und dadurch der Ueber=schuß von Kohlenstoff verbrannt. Es ist aber von der größten Wichtigkeit, genau den Zeitpunkt zu treffen, wann die Umwandlung beendigt ist. Bisher schätzte der erfahrene Arbeiter dies nach dem bloßen Anblicke der Flamme; mit Hilfe des Spectroskops läßt sich der geeignetste Zeitmoment aber weit sicherer und schärfer auffassen. In der That findet die spectroskopische Methode den Punkt zu bestimmen, wo die Gebläseluft unterbrochen werden muß, bereits seit dem Jahre 1864 in verschiedenen englischen Gußstahlfabriken mit dem besten Erfolge Anwendung.

II.

Wir haben im ersten Artikel gesehen, wie Kirchhoff aus der Uebereinstimmung der Spectrallinien und gestützt auf das Princip von dem Verhältnisse zwischen Emissions= und Absorptionsvermögen, auf die Natur der Stoffe in der Sonnenatmosphäre schloß. Dadurch wurden die bis dahin geltenden Anschauungen über das Wesen der Sonne beträchtlich modificirt. „Um die dunkelen Linien des Sonnenspectrums zu erklären, muß man annehmen, daß die Sonnenatmosphäre einen leuchtenden Körper umhüllt, der für sich allein ein continuirliches Spectrum von einer Lichtstärke gibt, die eine gewisse Grenze übersteigt. Die wahrscheinlichste Annahme, die man machen kann, ist die, daß die Sonne aus einem festen oder tropfbarflüssigen, in der höchsten Glühhitze befindlichen Kerne besteht, der umgeben ist von einer Atmosphäre von etwas niedrigerer Temperatur. Diese Vorstellung von der Beschaffenheit der Sonne ist in Uebereinstimmung mit der von Laplace begründeten Hypothese über die Bildung unseres Planeten= systems. Wenn die Masse, die jetzt in den einzelnen

Körpern desselben concentrirt ist, in früheren Zeiten einen zusammenhängenden Nebel von ungeheurer Ausdehnung bildete, durch dessen Zusammenziehung Sonne, Planeten und Monde entstanden sind, so mußten alle diese Körper bei ihrer Bildung im Wesentlichen von ähnlicher Beschaffenheit sein. Die Geologie hat gelehrt, daß die Erde einst in glühend flüssigem Zustande sich befunden hat; man muß annehmen, daß auch die anderen Körper unseres Systems einmal in einem solchen gewesen sind. Die Abkühlung, die in Folge der Ausstrahlung der Wärme bei allen eingetreten ist, hat aber bei ihnen, vornehmlich je nach der verschiedenen Masse, sehr verschiedene Grade erlangt, und, während der Mond kälter als die Erde geworden ist, ist die Temperatur der Oberfläche des Sonnenkörpers noch nicht unter die Weißglühhitze gesunken. Die irdische Atmosphäre, die jetzt nur so wenig Elemente enthält, mußte, als die Erde noch glühte, eine viel mannigfaltigere Zusammensetzung haben; alle in der Glühhitze flüchtigen Stoffe mußten in ihr vorkommen. Eine entsprechende Beschaffenheit muß heute noch die Atmosphäre der Sonne besitzen." Die Folgezeit hat diesen Behauptungen Kirchhoff's in jeder Beziehung Recht gegeben. Anfangs wußte man allerdings das Spectroskop noch nicht zur Untersuchung der Sonnenatmosphäre und zur Erforschung der in ihr auftretenden Erscheinungen zu benutzen und erwartete deshalb mit Sehnsucht die nächste totale Sonnenfinsterniß am 18. August 1868. Man schloß nämlich sehr richtig, daß, wenn der Mond den eigentlichen Sonnenkern, der sich uns in der Gestalt der

Sonnenscheibe darstellt, für unsern Anblick verdeckt, die
Untersuchung der dann sichtbar werdenden Atmosphäre
und dessen was sie enthalte mittels des Spectroskops
leicht genug werden müsse. Auch über die Natur der zur
Zeit totaler Sonnenfinsternisse am Mondrande sichtbaren
rothen Erscheinungen, die den Namen Protuberanzen führen,
hoffte man durch Anwendung des Spectroskops ins Reine
zu kommen. Von den hervorragendsten Culturvölkern
Europa's wurden Expeditionen zur Beobachtung an die
geeignetsten Punkte auf der Zone der Totalität ausgesandt.
Man weiß welche wichtigen Aufschlüsse sie erlangt haben.
Es ergab sich, daß die Protuberanzen ungeheure Eruptionen
von (hauptsächlich) Wasserstoff sind, Eruptionen von deren
Gewaltigkeit wir uns nur eine unvollkommene Vorstellung
machen können. Das Spectrum der Protuberanzen erwies
sich als bestehend aus hellen Linien, von denen haupt=
sächlich drei, dem glühenden Wasserstoffe entsprechend, in
die Augen fallen.

Janssen, der sich bei einer der zur Beobachtung der
totalen Sonnesfinsterniß ausgesandten Expeditionen befand
und die hellen Spectrallinien der Protuberanzen erblickte,
gerieth auf den Einfall, dieselben auch nach Vorüber=
gang der Finsterniß am Sonnenrande aufzusuchen. Er
hielt sie für hell genug, um auch dann wieder erkannt
zu werden. Seine Vermuthung fand in der That Be=
stätigung, denn am andern Tage gelang es ihm bei
vollem Sonnenscheine das Protuberanzenspectrum wahr=
zunehmen. Allein lange vor Janssen hatte bereits ein,
bis dahin in weiteren wissenschaftlichen Kreisen gänzlich

2*

unbekannter Mann, Norman Lockyer in London, der
Royal Society die von Janssen in Anwendung ge=
brachte Methode vorgelegt und die Principien erläutert,
auf denen sie beruht. Vergeblich bemühte er sich indessen
mittels seines kleinen Spectroskops die hellen Protuberanz=
linien am Sonnenrande aufzufinden, sein Instrument war
dazu zu schwach. Nachdem er aber durch Hilfe der
königlichen Gesellschaft zu London in den Besitz eines
genügend kraftvollen Spectroskops gekommen war, fand
er sofort am 20. October 1868 das Spectrum einer
Protuberanz auf und beobachtete in demselben die drei
hellen Linien, welche die Anwesenheit des Wasserstoffs
bezeichnen. Weiter fand er bereits in den nächsten Tagen,
daß die Sonne ringsum von einer Hülle aus (glühendem)
Wasserstoffe umgeben ist, welcher er den Namen Chro=
mosphäre beilegte, und daß die Protuberanzen nur
locale Anhäufungen dieser Wasserstoffhülle sind. Spätere
Untersuchungen von Spörer und Zöllner haben die
letztere Behauptung dahin berichtigt, daß die Protuberanzen
mehr oder weniger eruptiver Natur sind, daß sie mit
ungeheurer Gewalt aus den obersten Schichten der eigent=
lichen Sonne bis zu Höhen von 20.000 Meilen in ihre
glühende Atmosphäre emporgetrieben werden. Wenn auch
Janssen schon am 19. August 1868 die Protuberanzen
am Sonnenrande sah, Lockyer dagegen erst zwei Monate
später, so gebührt doch diesem der Ruhm des Entdeckers
der neuen Methode und der Franzose geht leer aus.
Denn Lockyer hatte die Principien seiner Methode
schon lange vor der Finsterniß veröffentlicht, und wir

haben deshalb nicht zu untersuchen, ob Janssen von dieser Publication Kenntniß besaß oder nicht, seine Beobachtungen bilden bloß eine Bestätigung der richtigen Deduction des Engländers.

Die weiteren Untersuchungen der Sonne mittels des Spectroskops haben im Großen und Ganzen die Theorie Kirchhoff's über die Sonne vollkommen bewahrheitet. — Die Bemerkungen Janssen's, daß seine Untersuchungen der Gegenden in der Nachbarschaft der Sonne keine Resultate geliefert hätten, die mit der von Kirchhoff aufgestellten Theorie im Einklang seien, daß seine Untersuchungen dagegen zur Erkenntniß der wahren Beschaffenheit des Sonnenspectrums führen müßten, hat sich hinterher als leere Prahlerei erwiesen. — „Der erste Spectroskopiker", wie die Franzosen eine Zeit lang Janssen zu nennen beliebten, hat fürderhin über den Gegenstand den Mund gehalten. Ueberhaupt sind auf dem Gebiete der Spectroskopie hauptsächlich Deutsche, Engländer, Amerikaner und Italiener thätig, der eigentliche Antheil Frankreichs ist nach einem guten Anfange bald auf Null herabgesunken.

Es hat sich nach und nach herausgestellt, daß in der Chromosphäre die heftigsten Strömungen stattfinden, an denen die obere Schicht der glühenden Metalldämpfe Theil nimmt. Diese letzteren werden dann in die Chromosphäre emporgeschleudert und in ihrem Spectrum erscheinen jetzt die hellen Linien vom Natrium, Eisen, Magnesium und Baryum. Dieselben erscheinen auch mitten auf der Sonnenscheibe in dem Spectrum der

Fackeln oder der glänzenden Stellen, welche stets in der Nähe der Sonnenflecke auftreten. Diese hellen Metall= linien sind stets schmäler als die entsprechenden Fraun= hofer'schen Linien. Dies beweist, daß die glühenden Gase in einer aufsteigenden Strömung begriffen sind und daher sich in einem Zustande größerer Verdünnung befinden. In einem Sonnenflecken dagegen findet das Entgegen= gesetzte statt; eine niedersteigende Strömung führt die abgekühlten Dämpfe nach unten; dieselben werden ver= dichtet und die stärkere Absorption der Lichtstrahlen, die sie in diesem Zustande ausüben, ist durch die Verdunklung angezeigt.

Die Erscheinungen der Sonnenflecke, Lichtfackeln und Protuberanzen sind bezüglich ihrer Ursachen zurückzuführen auf ungeheure Wasserstoffstürme von so furchtbarer Ge= walt, daß die wüthendsten irdischen Orkane dagegen nur als sanfter Windhauch erscheinen. Lockyer hat mit Hilfe des Spectroskops die Geschwindigkeit des dahin= strömenden glühenden Wasserstoffgases gemessen. Findet nämlich eine Verschiebung oder Verbiegung beispielsweise der Linie F gegen das violette Ende des Spectrums hin um Ein Zehnmilliontel=Millimeter statt, so zeigt dies an, daß der glühende Wasserstoff mit einer Schnelligkeit von 61 Kilometern in der Secunde emporschießt, während dieselbe Verschiebung nach Roth hin ergibt, daß das glühende Gas mit der nämlichen Geschwindigkeit abwärts strömt. Erscheint, was bisweilen vorkommt, die helle Linie nach dem Violett hin zugleich mit der dunkelen, welche nach dem Roth zugeneigt ist, so schießt auf der einen

Seite heftig glühender Wasserstoff hoch empor und auf
der andern stürzt kühleres Gas abwärts. Von der
Heftigkeit und Ausdehnung der auf der Sonne statt=
findenden Wirbelstürme, gibt Lockyer's Beobachtung
am 14. März 1869 ein Beispiel. Der Spalt seines
Spectroskops war ungefähr 1/300 Zoll weit, aber da das
Sonnenbild im Teleskop nur einen Durchmesser von
0·94 Zoll hatte, so konnte er mit dem Spectroskop gleich=
zeitig eine Strecke von 2800 Kilometer übersehen und den
Wirbelsturm, dessen Durchmesser gegen 2500 Kilometer
betrug, in seiner ganzen Ausdehnung beobachten. Die
beobachtete Verschiebung der Spectrallinien entsprach einer
Geschwindigkeit von 64 Kilometern pro Secunde.
Im Spectrum einer Protuberanz, welches Lockyer am
12. Mai beobachtete, entsprach die stärkste Verschiebung
einer Geschwindigkeit von 190 Kilometern in der Secunde.

Bei den ersten Protuberanzbeobachtungen während
des vollen Sonnenscheines, mußte man sich mit der
Wahrnehmung der Spectrallinien dieser ungeheuren,
glühenden Gasmassen begnügen und aus dem Auftreten
dieser Linien auf die Gestalt der vorhandenen Protu=
beranzen schließen. Schon bald nachdem man sich mit
dieser Art von Beobachtungen einigermaßen vertraut
gemacht hatte, begannen aber auch schon die Bemühungen
zur Ermittlung einer Methode, die Protuberanzen in
ihren wahren Gestalten unmittelbar zu sehen. Nach vielen
vergeblichen Versuchen gelang es zuerst Huggins mit
Hilfe eines tief roth gefärbten Rubinglases eine Protu=
beranz wahrzunehmen, so daß er ihre Gestalt bi...

zeichnen konnte, allein die weiteren Versuche auf diesem
Wege wurden bald abgeschnitten durch die Ent=
deckung von Zöllner und Lockyer, daß es bei hin=
reichender Abschwächung des atmosphärischen Lichtes mittels
einer genügenden Anzahl von Prismen, ausreicht, eine
der Spectrallinien der Protuberanzen in das Sehfeld
eines sehr stark zerstreuenden Spectroskops zu bringen
und dann den Spalt des letztern genügend zu öffnen,
um sofort die Protuberanz in ihrer vollen Ausdehnung
wahrzunehmen.

So ist es möglich geworden, die seltsamen Formen
und Veränderungen der Protuberanzgebilde am Sonnen=
rande Tag für Tag zu beobachten und Karten der
Protuberanzen und ihrer Vertheilung anzufertigen, wie
man Zeichnungen über den täglichen Fleckenzustand der
Sonne besitzt. Besonders sind es die Beobachter Respighi,
Secchi und Spörer, welche sich auf diesem Felde durch
zahlreiche und genaue Arbeiten ausgezeichnet haben. Es
gehört jedoch nicht hierhin auf den rein astronomischen
Theil dieser Untersuchungen einzugehen und die Ver=
theilung der Protuberanzen unter den verschiedenen Breiten=
graden der Sonnenoberfläche zu beleuchten, ebensowenig
wie wir uns dabei aufhalten können, das Für und Wider
der einzelnen Ansichten über den näheren Zusammenhang,
in welchem die Protuberanzen mit den Sonnenflecken stehen,
hier zu erörtern. Es möge nur einiges über die allge=
meinen Formen der Protuberanzen hervorgehoben werden.
Der Astronom Spörer unterscheidet in dieser Beziehung
zwei wesentlich verschiedene Gestalten, nämlich: Erstens,

die gewöhnlichen Protuberanzen, von geringerer Helligkeit, mehr beständig, mit häufiger Tendenz zu wolkiger Ausbreitung, nur aus Wasserstoff bestehend, wenn nicht eine bisher noch nicht identificirte Linie (D_3) eine neue uns noch unbekannte Substanz anzeigt. Zweitens, die flammigen Protuberanzen. Sie sind ausnehmend hell und können selbst bei ungünstiger Luft wahrgenommen werden. Ihre Gestalt ist außerordentlich schnell veränderlich. Außer Wasserstoff enthalten sie noch eine Menge anderer Elemente, worunter besonders häufig Magnesium auftritt. Zur Erklärung dieser Art von Protuberanzen reicht es nach Spörer nicht hin, strömende helle Massen anzunehmen, die Veränderungen sind zu schnell. Ein fast plötzliches Entstehen und Verschwinden führt zu der Annahme von elektrischen Entladungen, welche sich von den ausgeströmten Massen auch auf andere Theile der Sonnenatmosphäre erstrecken. Formen, welche einer feurigen Fontaine gleichen, sind nahe ähnlich anderen, welche zu vergleichen sind dem elektrischen Lichtbüschel, das wir an einer mit dem Conductor einer Elektrisirmaschine verbundenen kleinen Kugel beobachten. Es kommen auch seitliche zackige Strahlen vor, welche nach der Meinung von Spörer kaum anders als durch elektrische Entladungen gedeutet werden können. Eine merkwürdige secundäre Bildung ist die von Spörer häufig beobachtete Thorbildung der Protuberanzen. Oft kommt auch eine einfache und nicht ganz vollständige Thorbildung vor, indem bei einer großen, bogenförmigen Protuberanz die herabgesenkte Spitze derselben nach einer kleineren Protuberanz gerichtet ist. Dies

ist insoferne mit unseren Tromben zu vergleichen, als
Spörer einmal beobachtete, wie unterhalb der Spitze
der Hauptprotuberanz eine andere entstand und sich mit
jener vereinigte. Ein anderes Mal beobachtete er, daß
beim Zurückweichen der Spitze der Hauptprotuberanz auch
die andere aufgestiegene Protuberanz sich herabsenkte.

Man erkennt aus diesen Beschreibungen der wahr=
genommenen Phänomene, daß die uns so friedlich leuchtende
und Wärme spendende Sonne, der unermeßliche Schau=
platz eines Kampfes der Elemente ist wie ihn an wilder
Großartigkeit keines Menschen Phantasie sich ähnlich vor=
stellen kann. In dem ungeheuren nebelglühenden Meere,
welches die Sonnenoberfläche bildet, entspringen ununter=
brochen, bald hier bald da, Fontainen glühenden Wasser=
stoffs größer an Raumumfang als unser ganzer Erdball,
sie werden emporgetrieben in eine glühende Atmosphäre
bis zu einer Höhe, welche fast der Entfernung unseres
Mondes von der Erde gleichkommt. Diese unermeßlichen
Gluthmassen, welche unseren Erdball wegfegen würden,
wie der Bach einen Kork treibt, senken sich dann häufig
in ungeheuren, tausende Meilen überspannenden Bogen
wieder herab und erzeugen Wirbel der glühenden Sonnen=
atmosphäre von Tausend Meilen Durchmesser. Es ist ein
wahres Wüthen der rohen Materie auf der Sonne, es
herrscht dort ein wilder Uebermuth der glühenden Mächte,
desgleichen keines Menschen Geist ahnte, ehe die Spec=
tralanalyse darüber Kunde brachte. Aber die wilde
Kraft jener unbändigen Gluthmassen, sie wird in
Fesseln geschlagen werden mit der Zeit. Hundert=

tausende von Jahren werden verfließen und der glühende Schauplatz der Sonnenoberfläche, er wird veröden. Freilich mit dieser Veröbung ersterben auch die Licht= und Wärmespenden, welche die Sonne in so verschwen= derischer Fülle ins Weltall aussandte und auch uns zukommen ließ. Wenn die Kraft jener Titanen er= schöpft ist, versiegt auch der Quell des Lebens der irdischen Pygmäen.

Wir werden uns im britten und letzten Artikel mit den Untersuchungen, welche mit Hilfe des Spectroskops am Sternenhimmel ausgeführt worden sind, beschäftigen. Hier wollen wir uns jetzt noch einmal an das normale Sonnenspectrum wenden, um die Veränderungen kennen zu lernen, welche in demselben durch unsere irdische Atmosphäre hervorgebracht werden.

Brewster war der Erste, welcher im Jahre 1833 beobachtete, daß im Sonnenspectrum neue dunkle Linien auftreten, wenn die Sonne sich dem Horizonte nähert und ihre Strahlen einen längeren Weg durch unsere Atmosphäre zu durchlaufen haben, um zum Auge des Beobachters zu gelangen. Diese Linien verdanken also einer Absorption des Sonnenlichtes in unserer Atmosphäre ihren Ursprung und werden auch deshalb atmosphärische Linien genannt. Spätere Beobachtungen von Secchi und Janssen haben erwiesen, daß der in der Atmosphäre enthaltene Wasserdampf das eigentliche Agens ist, welche diese Absorption ausübt. Secchi hat dies durch directe Beobachtungen bestätigt, als er in einer zweitausend

Meter entfernten Flamme, sowie in großen Feuern, welche
in der Nachbarschaft Roms auf den Bergen bei gewissen
Gelegenheiten angezündet werden, bei Regenwetter sehr
deutliche, dunkle Absorptionslinien erkannte. Der Franzose
Janssen fand 1868, daß, wenn er das Licht von
16 Gasflammen durch eine 37 Meter lange Schicht von
Wasserdampf, der einem Drucke von 7 Atmosphären aus=
gesetzt war, gehen ließ, er ein Absorptionsspectrum erhielt,
dessen dunkle Streifen zwischen dem äußersten Roth und der
Linie D liegen und die mit den dunklen Sonnenlinien coin=
cidiren, welche um so stärker hervortreten, je mehr sich die
Sonne dem Horizonte nähert und welche demnach durch Ab=
sorption in dem Wasserdampfe unserer eigenen Atmosphäre
erzeugt werden. Janssen fand, daß die von Brewster
zuerst beobachteten dunklen Absorptionsstreifen sich zu feinen
Linien und Liniengruppen, welche den Fraunhofer'schen
Linien vergleichbar sind, auflösen lassen, und daß die=
selben ihren Ursprung in der Erdatmosphäre haben,
deren Absorptionsvermögen also trotz des ungeheuren
Temperaturunterschiedes große Aehnlichkeit mit dem hat,
welches die Sonnenatmosphäre ausübt.

Die genaue Untersuchung der atmosphärischen Linien
des Sonnenspectrums und des Einflusses, welchen die
Feuchtigkeit der Luft auf deren Zahl und Intensität aus=
übt, hat Mittel an die Hand gegeben, auch die Gegen=
wart von Wasserdampf auf anderen Himmelskörpern fest=
zustellen. Besonders interessant in dieser Beziehung sind
die Beobachtungen des römischen Astronomen Secchi, aus
denen hervorgeht, daß in der Sonnenatmosphäre und

zwar speciell in der Nähe großer Sonnenflecke stets Wasserdampf vorhanden ist. Diese Wahrnehmung hat für uns
gegenwärtig allerdings noch etwas Räthselhaftes. Denn
wir können uns offenbar nicht wohl vorstellen, daß jener
Wasserdampf in der glühenden Sonnenatmosphäre über
den größeren Flecken sich aus einem Zustande größter
Erhitzung und Verdünnung condensiren solle. Wenigstens
würde es merkwürdig sein, wenn über diesen Flecken,
rings umgeben, oben, unten und seitwärts, von der glühenden Sonnenmaterie eine so beträchtliche Abkühlung
eintreten sollte. Die Zukunft muß hierüber nähere Aufschlüsse bringen.

Auf die Kometen angewandt, hat die Spectralanalyse nicht minder interessante Ergebnisse geliefert.

In den Jahren 1866 und 1867 beobachtete H u g g i n s
zuerst zwei kleine Gestirne dieser Art und fand, daß in
ihrem Spectrum helle Linien auftreten. Genauer beobachtet wurden aber erst der Brorsen'sche Komet und der
Komet II von 1868. Sie besaßen drei helle Streifen im
Spectrum, welche nach dem rothen Ende hin am glän-
zendsten waren und sich nach dem andern allmählich ab-
schwächten. Das Merkwürdigste an der Sache aber war,
daß das Spectrum des zweiten Kometen von 1868 die
auffallendste Aehnlichkeit mit der Modification des Kohlen-
stoffspectrums zeigt, welches man erhält, wenn man den
Inductionsfunken durch ölbildendes Gas schlagen läßt.

Also Kohlenstoff ist in den Kometen enthalten und
strahlt Licht aus. Aber in welchem Zustande befindet sich

dieser schwerst flüchtige aller Stoffe? „Wenn man annimmt," sagt Huggins, „daß die Kometen aus reinem Kohlenstoff bestehen, so erscheint es wahrscheinlich, daß der Kern dieses Element in condensirtem und äußerst fein vertheiltem Zustande enthält. In solcher Gestalt würde es besonders geeignet sein, die Wärmestrahlen der Sonne fast vollständig zu absorbiren und dadurch leicht so stark erhitzt werden, um sich in Dunst zu verwandeln." Das scheint indeß doch wenig wahrscheinlich, plausibler ist es in den Kometen einen Kohlenwasserstoff anzunehmen und in dieser Hinsicht hat man auf das Petroleum als einen Körper hingewiesen, der sehr leicht in den Kometen in großer Menge vorhanden sein dürfte Wenn sich das wirklich so verhält, so sind die Kometen wieder daran ihre Stelle zu wechseln und aus harmlosen Wanderern durch die Himmelsräume zu furchtbaren und Verderben drohenden Geschöpfen zu werden. Denn, während man früher annahm, ein Zusammenstoß der Erde mit einem Kometen würde für uns gar keine üblen Folgen haben, würde sich die Sache ganz anders gestalten, wenn bei einem solchen Zusammenstoße der Komet uns mit Petroleumfluthen bedächte! Man erinnert sich hierbei unwillkürlich an jenen Eisenbahnunfall, wobei einige Waggons mit Petroleum zertrümmert wurde und der ganze Train verbrannte. Für die ganze Erde wäre so etwas keine schöne Aussicht, besonders da uns Niemand garantiren kann, ob nicht im nächsten Augenblicke ein solcher petroleum=schwangerer Komet auftaucht und sich in rasendem Fluge auf unsern Erdentrain stürzt. Uebrigens ist durch die neuesten Unter=

suchungen über die stoffliche Zusammensetzung der Ko=
meten, die Annahme einer kohlenwasserstoffartigen Natur
derselbe sehr problematisch geworden und es bedarf weiterer
spectralanalytischer Untersuchungen um zuverlässige Re=
sultate zu erlangen. Hoffen wir, daß uns die Spectralana=
lyse bald Gewißheit verschafft in der Frage nach der
Natur der Kometen, und daß der Erdball auch fernerhin
ungestört seine alte, weite Bahn durchfliege.

III.

Zu den überraschendsten und interessantesten Ergeb=
nissen gehören die Resultate der Untersuchungen, welche
man mittels des Spectroskops am Firsternhimmel ange=
stellt hat. Das Fernrohr allein vermochte hier nur wenig
Aufschlüsse zu geben; es zeigt zwar eine größere Anzahl
der Firsterne als das bloße Auge, auch läßt es ihre
Farben schärfer hervortreten, das ist aber auch alles.
Denn in dem mächtigsten Teleskope erscheinen die Fir=
sterne noch ebenso als untheilbare Punkte wie sie sich
dem unbewaffneten Auge darstellen, ihre Entfernung von
uns ist so unermeßlich groß, daß jedes optische Mittel
sie uns scheinbar näher zu bringen vergeblich ist. Bei
dieser Lage der Dinge hat die Spectralanalyse uns über
die physischen Zustände der Materie auf den Firsternen
Aufschlüsse verschafft, welche bisher vollkommen unmöglich
schienen.

Der unermüdliche H u g g i n s war der Erste, welcher
sich mit Glück und Erfolg der Untersuchung der chemischen
Zusammensetzung der Firsternatmosphären widmete. Zwar

hatten schon vor ihm Fraunhofer und Donati die Spectra einiger der hellsten Firsterne beschrieben, allein zu dem von Huggins angestrebten Zwecke bedurfte es neuer Hilfsmittel von sehr großer Vollkommenheit. Nach vielen vergeblichen Versuchen gelang es ihm endlich in Gemeinschaft mit Professor Miller ein Instrument herzustellen, welches geeignet war, seine, nahe bei einander liegende Spectrallinien scharf aufzulösen, außerdem mit einer sehr empfindlichen Meßvorrichtung versehen war, um die Lagen der Linien auf das Genaueste festzustellen und mit dem man auch die Spectra irdischer Elemente zugleich mit den Sternspectren direct vergleichen konnte, um über die Coincidenz oder Nichtcoincidenz von Linien sicher entscheiden zu können.

Mit diesem ausgezeichneten Apparate beobachteten nun Huggins und Miller in den Spectren der Firsterne außer den schon bekannten noch eine große Anzahl von anderen feinen Linien, welche bei den helleren Sternen so zahlreich erscheinen als im Sonnenspectrum. Kein Stern, der eine genügende Helligkeit besitzt, gab ein Spectrum ohne Linien, und ferner fanden die beiden Beobachter, daß sich ein Stern von einem andern nur durch die Gruppirung und Vertheilung der Linien in seinem Spectrum unterscheide.

Die bei einzelnen Sternen erhaltenen Resultate waren sehr interessant. Bei dem stark rothen Sterne Aldebaran (α Tauri) wurden etwa 70 einzelne Linien gemessen, im Spectrum von Beteigeuze (α Orionis) ungefähr 80.

Das Spectrum des Aldebaran ergab die Anwesen=
heit von folgenden neun Elementen auf diesem Sterne:

1. Natrium, mit der Doppellinie D.

2. Magnesium mit 3 Linien bei b.

3. Wasserstoff mit den zwei Linien C und F.

4. Calcium mit 4 Linien.

5. Eisen mit 4 deutlichen und zahlreichen, sehr feinen
   Linien.

6. Wismuth mit 4 Linien.

7. Tellur mit 4 Linien.

8. Antimon mit 3 Linien.

9. Quecksilber mit 4 Linien.

Keine Linien wurden im Spectrum des Aldebaran
gefunden, welche mit denjenigen des Stickstoff, Kobalt,
Zinn, Blei, Cadmium, Lithium und Barium zusammen=
fallen.

Das Spectrum des Sterns Beteigeuze (α Orionis)
ist sehr merkwürdig und complicirt. Huggins und
Miller erkannten in ihm folgende Elemente:

1. Natrium mit 2 Linien.

2. Magnesium mit den 3 Linien b.

3. Eisen mit 4 Linien.

5. Wismuth mit 4 Linien.

Nicht in der Atmosphäre dieses Sternes vorhanden,
sind: Wasserstoff, Stickstoff, Zinn, Blei, Gold, Cadmium,
Silber, Quecksilber, Barium und Lithium.

Eine merkwürdige Verschiedenheit der Spectra fanden
Huggins und Miller bei den zwei Sternen, welche
den Doppelstern β im Schwane bilden. Im Spectrum von

A zeigen sich einige starke Absorptionslinien ziemlich gleich=
mäßig vertheilt. Unter ihnen konnte eine als mit der Natrium=
linie (D), eine andere als mit der Magnesiumlinie (b)
zusammenfallend constatirt werden. Die geringste Anzahl
stärkerer Linien fand sich im Gelb und Orange, zahl=
reichere dagegen im Blau und Violett, so wie einige im
Roth. Das Spectrum von B erschien im orangen und
gelben Theile außerordentlich schwach. Die verminderte
Helligkeit im Gelb wird hervorgebracht durch einige
Gruppen sehr dicht gelagerter Absorptionslinien, während
in dem stärker brechbaren Theile des Spectrums nur
wenige starke Linien in großer Entfernung von einander
gesehen wurden.

Die zahlreichsten Beobachtungen über die Firstern=
spectra hat Secchi in Rom angestellt; er hat zuerst er=
gründet, daß in dieser Beziehung die sämmtlichen, am
nächtlichen Himmelsgewölbe auftauchenden Sterne sich in
vier verschiedene Klassen unterscheiden lassen. Schon 1863,
als die Anzahl der untersuchten Sterne noch gering war,
hatte Secchi dieselben nach der Verschiedenheit ihres
ausgestrahlten Lichtes und also auch ihres Spectrums,
in zwei Klassen getheilt, in die weißen und gefärbten;
später, 1866, erkannte er, daß ein dritter Typus unter=
schieden werden müsse und diesem schloß sich, seit 1866
ein vierter Typus, aus einigen wenigen Sternen be=
stehend an.

Wir wollen nun die einzelnen Firsterntypen etwas
näher ansehen.

3*

Der erste Typus wird gebildet von weißen und
blauen Sternen mit einem Spectrum ohne intensive Ab=
sorptionsbanden. Von mehr als 500 Sternen, welche
Secchi spectroskopisch untersuchte, gehört die Hälfte
diesem Typus an. Das Spectrum zeigt meist vier
charakteristische, dunkle Linien. Aus dem Verhalten der
Spectra der Sterne dieses Typus hat man den Schluß
gezogen, daß nicht nur Wasserstoff das Hauptelement der
absorbirenden Atmosphäre derselben ist, sondern daß diese
auch unter einem starken Drucke steht und eine hohe
Temperatur besitzt. Merkwürdiger Weise sind große
Räume an der scheinbaren Himmelsdecke fast ausschließlich
von Sternen des ersten Typus besetzt. Das kann durch=
aus nicht dem Zufalle zugeschrieben werden, sondern
deutet auf eine Gesetzmäßigkeit im Reiche der Firstern=
welt, von der wir vorläufig nur so viel wissen, daß
sie mit der Entstehungsgeschichte derselben in innigstem
Zusammenhange steht.

Die Sterne des zweiten Typus gewinnen für uns
ein besonderes Interesse, weil sie nahe Verwandte unserer
eigenen Sonne sind, denn in der That gehört auch diese
zum zweiten der Secchischen Firsterntypen. Die Spectra
des Arktur, der Capella, des Pollux u. s. w. zeigen
dieselben Linien und an denselben Stellen, hauptsächlich
im Roth und Blau, ganz wie die Fraunhofer'schen
Linien des Sonnenspectrums. Selbst das Detail der
feineren, nur unter günstigen Verhältnissen bequem
sichtbaren Linien zeigt im Allgemeinen eine überraschend
große Uebereinstimmung mit den feinen Linien unseres

Sonnenspectrums. Das beweist eine beträchtliche Ueber=
einstimmung in dem physischen Baue der Sterne dieses
Typus und wir können uns mit Recht denken, daß
auf dem Arktur oder der Capella, jenen glänzenden
Punkten an unserem Nachthimmel, eben solche glühenden
Wasserstoffgarben emporschießen wie auf unserer Sonne
und daß uns jene Sterne, wären wir ihnen nahe genug,
dasselbe Schauspiel darbieten, wie uns der Firstern, zu dessen
System wir gehören, in der That zeigt. Eine merk=
würdige Anomalie unter den Sternen dieses Typus bildet
der Stern γ in der Cassiopeja. Sein Spectrum zeigt
statt einer dunklen Absorptionslinie bei F einen hellen
Streifen. Es wird also auf diesem Sterne vom Wasser=
stoff direct Licht ausgestrahlt, ohne daß dasselbe eine
Absorption erlitte. Woher dies kommt oder vielmehr
welches der specielle physikalische Zustand auf jenem
Sterne sei, der dies bedingt, ist gegenwärtig noch nicht mit
Sicherheit zu sagen. Man weiß, daß das Absorptions=
verhalten des Wasserstoffs bei verschiedenen Temperaturen
und verschiedenem Drucke verschieden ist. Wenn nun fest=
gestellt ist, daß der Wasserstoff bei niederer Temperatur
ein ununterbrochenes Spectrum gibt, in welchem die
Linie F glänzend auftritt, so würde hiermit ein Anhalts=
punkt für die Erklärung des obigen Ausnahmefalles
gegeben sein.

Wir kommen zum britten Typus, orangefarbene
und röthliche Sterne enthaltend, mit einem aus breiten
Zonen bestehenden Spectrum. Das Spectrum des Sterns
α im Hercules kann als charakteristisch für diesen Typus

bezeichnet werden. Das Spectrum von α Herkules hat
einigermaßen Aehnlichkeit mit einer Reihe von seitwärts
beleuchteten Säulen. Alle diese Säulen lassen sich in der
Regel bei den Sternen dieses Typus in schmälere und
feinere Linien auflösen. Nach dem ganzen Aussehen der
hierhin gehörigen Spectra kann nicht bezweifelt werden,
daß sie eigentlich aus zweien bestehen, die übereinander
gelagert sind. Das eine besteht aus den Metalllinien,
welche dem zweiten Typus eigen sind und die nur dicker
und verbreiteter werden durch eine mächtigere Schicht
von Dämpfen, durch welche die Strahlen hindurch ge=
zogen sind, fast wie in den Flecken unserer Sonne. Das
andere erscheint als ein Spectrum mit breiten Streifen,
sechs bis sieben hauptsächlich, deren Typus jener von
α Hercules ist. Es ist in verschiedenen Sternen verschieden
stark. Wahrscheinlich kommt in den Atmosphären dieser
Sterne Wasserdampf in beträchtlichen Mengen vor, wenig=
stens gilt dies mit einem hohen Grade von Sicherheit
von einigen dieser Sterne.

Der vierte Typus charakterisirt durch Spectra mit
drei leuchtenden Banden, hat am Himmel, wenigstens
innerhalb unsers Gesichtskreises, die wenigstens Vertreter.
Erst nachdem Secchi schon Jahre hindurch den Himmel
durchforscht hatte, wurde er auf eine kleine Anzahl von
Sternen aufmerksam, die er gegenwärtig in diesem Typus
untergebracht hat. Die größte Lichtstärke liegt gegen
violett hin, aber hier hört das Licht plötzlich auf,
während auf der rothen Seite die Helligkeit all=
mählich abnimmt. Hierin zeigt sich der Hauptunterschied

vom dritten Typus, denn bei den Spectren des=
selben ist das Lichtmaximum auf der rothen Seite
und die Säulen verlaufen mehr gleichmäßig in einem
gleichen Raume. Daraus erhellt auch, daß die beiden
Spectren durch ganz verschiedene Substanzen hervor=
gebracht werden.

Eine merkwürdige Thatsache, welche Secchi sehr
überraschte, ist die, daß das Spectrum gewisser Sterne
des vierten Typus mit dem Spectrum des Benzin=
dampfes sehr nahe übereinstimmt. Auch der Petroleum=
dampf zeigt ein ähnliches Spectrum. Bei stärkerer
Spannung des Benzindampfes zeigen sich aber Ver=
schiedenheiten im Spectrum von dem der genannten
Sterne. Wir finden also auf gewissen Sternen sehr un=
erwartete chemische Verbindungen, an die man sicherlich
nicht dachte. Vielleicht gehört auch die bei vielen Sternen
in Grün auftretende schwarze Linie nahe bei b, nicht
dem Magnesium an, sondern wahrscheinlich irgend einem
Kohlenwasserstoffe. Das erinnert an die merkwürdige
Kometenspectra welche uns Huggins beschrieben hat.

Bei Stern im großen Bären fand Secchi, daß
die helleren Linien in der Mitte, die bei einer kleineren
Dispersion als helle Streifen erscheinen, wirkliche
Bänder sind. „Ich habe," sagte er, „schon früher
auf die Aehnlichkeit dieses Spectrums mit demjenigen
des elektrischen Funkens im Benzindampfe aufmerksam
gemacht. Es wäre ohne Zweifel voreilig, Schlüsse
aus dieser noch unvollendeten Thatsache zu ziehen,
aber ich glaube nicht zu weit über die Ergebnisse der

Beobachtung hinaus zu gehen, wenn ich sage, daß nicht
nur die Atmosphären dieser Sterne des dritten und be=
sonders des vierten Typus eine von derjenigen unserer
Sonne verschiedene Zusammensetzung haben, sondern auch,
daß sie eine hinreichende niedere Temperatur zu besitzen
scheinen, um die Spectra, welche den Gasen bei niederen
Temperaturen eigen sind und die man Spectra erster
Ordnung nennt, zu geben."

Die Spectra der sogenannten veränderlichen Sterne
oder derjenigen Firsterne, welche in gewissen Zeiten die
Helligkeit ihres Lichtes verändern, sind bis jetzt noch
wenig untersucht worden. So viel scheint jedoch aus den
Wahrnehmungen von Secchi mit Sicherheit hervorzu=
gehen, daß die meisten jener Sterne eine Verminderung
der Schärfe und Dunkelheit ihrer Absorptionslinien zeigen,
wenn sie an Helligkeit zunehmen.

Den merkwürdigsten Fall der bis jetzt unter allen
Sternen sich der Untersuchung durch die Lichtanalyse
darbot, war das Aufflammen eines vordem schwachen
Sternchens in der nördlichen Krone bis zum Glanze
eines Sterns zweiter Größe. Es ist der neue Stern
vom 16. Mai 1866 gemeint. Huggins und Miller
haben sein Spectrum aufmerksam untersucht; es war
verschieden von allen, welche sie bis dahin gesehen hatten.
Es zeigten sich nämlich zwei übereinander gelagerte
Spectra, so daß also das Licht sich als von zwei ver=
schiedenen Quellen ausgehend erwies. Die eine war ein
glühender fester oder flüssiger Körper, dessen ausgestrahltes
Licht von einer kühlern Atmosphäre absorbirt wurde. Sein

Spectrum hatte in dieser Beziehung Aehnlichkeit mit dem unserer Sonne. Im Roth und etwas stärker brechbar als Fraunhofer's Linie C waren zwei starke dunkle Linien; D trat nur wenig stark auf. Auch bis zu b waren zahlreiche aber feine Absorptionslinien. Kurz hinter b kam eine Reihe dichter Gruppen von starken Linien, die sich in kleinen Zwischenräumen folgten, so weit das Spectrum beobachtet werden konnte. Außerdem aber fand sich darüber gelagert ein Gasspectrum von wenigen glänzenden Linien. Eine derselben, die heller war als der eben so brechbare Theil des ununterbrochenen Spectrums coincidirte mit F Fraunhofer's; daran lagen gegen G zu zwei Linien, von denen die erste etwas weniger glänzte als F, aber scharf begrenzt war, die zweite schien entweder eine Doppellinie oder an den Rändern etwas verwaschen. Nahe bei G trat dann noch eine vierte sehr feine helle Linie auf und auch im äußersten Roth bei C konnte eine schwache helle Linie bemerkt werden. Der Stern nahm rasch an Helligkeit ab. Das Spectrum veränderte sich aber wenig; nur wurde es immer schwächer. Die Linie C im Roth verminderte sich im Verhältnisse zu den grünen und blauen Linien weniger; im Allgemeinen steigerte sich besonders die Stärke der Absorptionslinien, weniger die Abnahme der hellen Gaslinien. In der ersten Zeit als der Stern sehr hell war, sah man rings um ihn einen schwachen Nebel, der später nicht mehr zu erkennen war. Dieser Nebel kann aber offenbar nicht die Ursache der hellen Linien sein, weil diese dazu zu glänzend waren und auch nicht über das continuirliche Spectrum hinausragten. Die Gasmasse, welche diese Linien erzeugte, muß eine höhere Temperatur als die Photosphäre des Sterns selbst gehabt haben, sonst ließe sich nicht die überwiegende Helligkeit der Gaslinien gegenüber den gleich brechbaren Lichttheilen der Photosphäre erklären.

Zwei der hellen Linien (C und F) deuten sehr bestimmt auf Wasserstoff, doch müssen die Umstände, unter welchen dieser auf dem Sterne das Licht ausstrahlte, andere sein, als sie bis jetzt auf der Erde beobachtet wurden; denn bekanntlich ist die grüne Wasserstofflinie immer schwächer und ausgedehnter als die glänzende rothe Linie, welche das Spectrum dieses Gases charakterisirt. Aus der merkwürdigen Beschaffenheit des Spectrums und des Erscheinens des Sterns schloß Huggins, daß sich auf diesem letztern plötzlich eine große Menge Wasserstoff entwickelt habe, der durch die Verbindung mit einem andern Elemente verbrannte und so das Licht hervorbrachte, welches durch dieselben Linien dargestellt wird. Das brennende Gas versetzte die feste Masse des Sterns in lebhaftes Glühen, und deren Licht erzeugte dann ein continuirliches Spectrum, in welchem durch Absorption in der eigenen Atmosphäre eine Reihe von Linien ausgelöscht wurde. Mit Erschöpfung des Wasserstoffvorrathes verminderten sich rasch alle Erscheinungen und der Stern nahm in demselben Verhältnisse an Lichtintensität ab.

Diese Erklärung von Huggins ist freilich ganz und gar falsch und zwar deshalb, weil Huggins dabei übersehen hat, daß der Stern in der Krone vor seinem Aufflammen keineswegs eine feste Masse war, sondern sich stets in einem Zustande befand, der derjenigen unserer Sonne ähnlich ist. Es kann sich demnach aus ihm heraus kein Wasserstoff entwickelt haben, weil dieser Wasserstoff offenbar nicht erst damals ins Glühen gerathen sein würde, sondern auf dem durch und durch glühenden Firstern auch stets geglüht haben würde. So bleibt nichts übrig als anzunehmen, daß jener Stern plötzlich auf irgend eine Weise von außen her mit enormen Quanti= täten von Wasserstoff und anderen Stoffen versehen wurde. Zwei Wege sind hierzu möglich. Entweder trat der Stern auf seinem langen Laufe durch den Weltraum in einen großen Nebel von Wasserstoff oder aber ein anderer Weltkörper stürzte sich auf ihn. Das letztere ist das Wahrscheinlichste, denn es erklärt am ungezwungensten das plötzliche Aufleuchten und langsame Verlöschen des Sternes.

Die Nebelflecke des Himmels, welche so lange als vollkommene Räthsel dastanden, haben durch die Spectral= analyse jetzt auch ihre Deutung gefunden. Es war im August 1864 als Huggins den ersten Nebelfleck, jenen im Drachen, der prismatischen Lichtanalyse unterwarf. Mit Erstaunen sah er, daß sich das Spectrum dieses Nebels auf drei helle Linien reducirte, daß man es also hier mit einer glühenden Gasmasse zu thun habe. Auf einer kurzen Strecke zu beiden Seiten der Gruppe von drei Linien glaubte Huggins noch ein höchst schwaches Spectrum zu erkennen, in dem er dunkle Ban= den vermuthete. Dieses Spectrum würde herrühren von einer festen oder flüssigen leuchtenden Substanz, dem Kerne des Nebels, dessen Licht also verschieden ist von demjenigen, welches die Hauptmasse des Nebellichtes ausmacht und die drei Linien hervorbringt.

Der merkwürdige Orionnebel ist ebenfalls von Huggins untersucht worden. Er fand im Spectrum des hellern Theiles auch wieder nur die gewöhnlichen drei Linien; auch die lichtschwächeren Partien, soweit sie spectroskopisch untersucht werden konnten, zeigten das gleiche Verhalten. Man hat es also hier entschieden mit einer ungeheuren, glühenden Gasmasse zu thun. Andererseits wurden in den mächtigsten Fernrohren einzelne Theile des Orionnebels in sternartige Lichtpunkte aufgelöst. Diese Lichtpunkte können also keineswegs wirkliche Fixsterne sein, sondern sind vielmehr ungeheure Gasbälle die ersten Anfänge neuer Weltkörper, wie ich dies in meiner Schrift „Kosmologische Briefe" näher erläutert habe und worauf ich den sich hiefür interessirenden Leser verweise. Die drei Gaslinien, welche das eigentliche Nebelfleckspectrum charakterisiren sind von verschiedener Helligkeit. Die erste nach dem Roth zu ist sehr stark und breit, die zunächst folgende aber äußerst schwach, während die dritte etwa halb so stark als die erste ist. Von der hellsten Linie wissen wir mit Sicherheit, daß sie mit der hellsten Stickstofflinie coincidirt die anderen Stickstofflinien fehlen dagegen im Nebelfleckspectrum. — Die äußerste Linie dieses letztern, fällt mit einer Wasserstofflinie zusammen. Es fragt sich nun, warum wir in einem Nebelfleckspectrum nur eine Wasserstofflinie wahrnehmen und ebenso nur eine Stickstofflinie, statt der ganzen Spectra beider. Diese Frage ist gegenwärtig noch gar nicht zu beantworten. Vielleicht sind die anderen Linien zu lichtschwach, um von der Erde aus mit den heutigen Hilfsmitteln erkannt zu werden. Vielleicht finden auch auf den Nebelflecken besondere Verhältnisse statt, durch welche das normale Spectrum modificirt wird.

Nicht alle Nebel zeigen ein Spectrum von hellen Linien, einzelne geben vielmehr ein continuirliches Spectrum und dasselbe findet auch für die Sternhaufen statt. Es ist klar, daß die Nebel der letztern Art eigentlich blos sehr entfernte Sternhaufen sind, die sich allein wegen ihrer Entfernung als verwachsene Nebel darstellen.

Eine der interessantesten Anwendungen des Spectroskops bei der Untersuchung der Fixsterne ist die zur Erkennung desjenigen Theiles ihrer Eigenbewegung, welche in der Richtung zur Erde hin stattfindet. Die Theorie zeigt, daß, wenn sich ein Stern von der Erde entfernt, seine Spectrallinien sich um einen gewissen Betrag gegen den rothen Theil des Spectrums verschieben müssen, umgekehrt dagegen gegen das violette Ende sind, wenn er sich der Erde nähert. Es fragt sich nur ob die Bewegungen der Fixsterne beträchtlich genug sind, um Verschiebungen der Spectrallinien von solcher Größe hervorzurufen, daß dieselben bei unseren Beobachtungen bemerkbar werden. Secchi konnte eine solche Verschiebung nicht mit Sicherheit erkennen; allein Huggins gelangte nach einer Reihe von vergeblichen Versuchen beim Sirius zu dem Resultate, daß dieser Stern sich in jeder Secunde

um 47·3 Kilometer oder 6⅔ geogr. Meilen von unserm
Sonnensysteme entfernt. Dieses Resultat ist später von
Vogel auf der Sternwarte Bothkamp bei Kiel einer
genauen Untersuchung durch neue Beobachtungen unter=
worfen worden und hat sich vollständig bestätigt. Die
Verschiebung im Siriusspectrum konnte stets deutlich
wahrgenommen werden und es ergab sich daraus für die
Geschwindigkeit, mit welcher dieser Stern sich von der
Erde entfernt, ein Weg von 10 Meilen pro Secunde.
Auch beim Procyon fand sich ein ähnliches Resultat,
derselbe entfernt sich in jeder Secunde 13.8 Meilen von
unserer Erde. Die neuesten Untersuchungen, welche Hug=
gins über die Eigenbewegungen der Fixsterne angestellt,
betreffen einige helle Sterne im großen Bären. Es ergab
sich, daß diese insgesammt sich um etwa 7½ Meilen in
jeder Secunde von der Erde entfernen. Diese Messungen
sind äußerst schwierig, aber sie werden sicherlich mit der
Zeit und der Vervollkommnung der Apparate zu wichtigen
Resultaten führen.

Kehren wir aus den entfernten Regionen des Welt=
raums zum Schlusse wieder auf unsere Erde zurück, so
sehen wir hier die Spectralanalyse mit Erfolg beschäftigt,
eine Erscheinung zu untersuchen, welche trotzdem sie nicht
eben selten ist, doch noch sehr räthselhaft erscheint. Wir
meinen das Norblicht. Angström hat 1867 zuerst
gefunden, daß das Spectrum desselben sich auf eine
helle Linie reducirt, welche links von der Liniengruppe
des Calciums liegt; außerdem fanden sich Spuren von

drei schwachen Streifen, die sich fast bis an Fraunhofer's
F-Linie erstrecken. Bei späteren Nordlichterscheinungen
haben andere Beobachter noch mehrere helle Linien wahrgenommen. Merkwürdig ist, daß die charakteristische Linie
in der Nähe der Calciumlinien auf kein bekanntes irdi-
sches Element deutet.

Der Mond,
seine Weltstellung und individuelle Natur.

~~~~~~~

I.

Unter allen Weltkörpern ist der Mond derjenige, welcher unserer Erde dauernd am nächsten sich befindet und nach der Sonne den mächtigsten Einfluß auf sie ausübt. Seine in regelmäßiger Reihe aufeinander folgenden Phasen oder Lichtgestalten, wie nicht minder die grauen Flecke, welche schon das unbewaffnete Auge auf seiner Scheibe wahrnimmt, haben bereits in sehr früher Zeit die Aufmerksamkeit des Menschen erregt und zu Deutungen aller Art Veranlassung gegeben. Wir beschäftigen uns hier zunächst mit der Weltstellung des Mondes wie sie sich in seiner Bewegung um die Erde und mit dieser um die Sonne ausspricht.

Der Mond umkreist unsere Erde innerhalb einer Zeitperiode, welche den Namen Monat führt, wenigstens bezeichnete man ursprünglich mit diesem Namen die Zeitdauer, innerhalb welcher der Mond den ganzen Kreislauf seiner Phasen vollendet und die mit seiner wahren Umlaufsdauer sehr nahe zusammenfällt.

4*

Die wahre Umlaufszeit des Mondes um die Erde beträgt 27·3216609 Tage, oder 27 Tage 7^h 43^m 11·5^s. Man nennt diese Zeitdauer den siderischen Monat. Der tropische (periodische) Monat ist die Zeit, welche der Mond gebraucht, um wieder den Frühlingspunkt zu erreichen und ihre Dauer beträgt 27 Tage 7^h 43^m 4·7^s. Die Zeit von einem Neumonde zum andern heißt synodischer Monat und umfaßt 29 Tage 12^h 44^m 2·9^s. Außerdem unterscheidet man noch bisweilen den anomalistischen und den Drachen-Monat. Ersterer ist die Zeit, welche verfließt bis der Mond, wenn er in seiner Erdnähe steht, dieselbe wieder erreicht, und umfaßt 27 Tage 13^h 18^m 35^s; letzterer umschließt die Zeit zwischen zwei nacheinander folgenden Durchgängen des Mondes durch den aufsteigenden Knoten seiner Bahn, 27 Tage 5^h 5^m 49^s.

Daß der Mond sein Licht von der Sonne erhält, ist eine Thatsache, welche heute Jedem bekannt ist, ebenso bedarf es hier keiner weitern Demonstration, in welcher Weise die Mondphasen zu Stande kommen. Dagegen will ich, der Vollständigkeit halber, daran erinnern, daß Neu- und Vollmond: Syzygien, erstes und letztes Viertel: Quadraturen, und die Phasen mitten zwischen den Syzygien und Quadraturen: Octanten genannt werden.

Die scheinbare Bewegung des Mondes von West nach Ost am Himmelsgewölbe bildet einen größten Kreis, welcher die Ekliptik in zwei Punkten, den Knoten, schneidet. Die wahre Bahn des Mondes mit Bezug auf die Erde ist dagegen eine Ellipse, deren halbe große Are 51800 geogr. Meilen beträgt. Die Excentricität der Monbbahn beträgt 0·05490807 der halben großen Are; doch ist dies nur ein mittlerer Werth, denn unter Ein= wirkung der Sonnenanziehung unterliegt die Excentricität der Monbbahn periodischen Veränderungen, die mehr als ⅓ des mittlern Werthes betragen.

Die Ebene der Monbbahn ist gegen die Ebene der Ekliptik unter einem Winkel von 5° 8′ 40″ geneigt; auch dies ist nur der mittlere Werth, denn die Neigung schwankt zwischen 5° 0′ und 5° 18′ innerhalb einer Periode, die von der doppelten Differenz der Länge der Sonne und des aufsteigenden Knotens der Monbbahn abhängt. Die Ebene der Ekliptik, auf welche die Nei= gung der Monbbahn bezogen wird, ist selbst nicht unver= änderlich, sondern erleidet im Laufe der Jahrtausende kleine Veränderungen ihrer Lage; die analytische Mecha= nik zeigt nun, daß ungeachtet dieser Schwankungen der Ekliptik die mittlere Neigung der Monbbahn gegen die= selbe unveränderlich ist.

Die Durchschnittspunkte der Monbbahn mit der Ekliptik, oder die Knoten der Monbbahn, haben keine feste Lage, sondern bewegen sich rückläufig, so daß sie in 18⁶/₁₀ Jahren einmal den ganzen Himmel umwandern, jedoch ist die Bewegung innerhalb dieses Zeitraumes sehr ungleichmäßig. Wenn der a u f s t e i g e n d e Knoten der Monbbahn mit dem Frühlingspunkte, der niedersteigende also mit dem Herbstpunkte zusammenfällt, so ist der Winkel der Monbbahn mit dem Himmelsäquator offen=

bar gleich dem Winkel zwischen Ekliptik, und Aequator
+ der Neigung der Mondbahn gegen die Ekliptik, also
23° 28′ + 5° 9′ = 28° 37′. Nach 9¼ Jahren,
wenn der niedersteigende Knoten der Mondbahn mit
dem Frühlingspunkte zusammenfällt, so liegt die Mondbahn zwischen der Ekliptik und dem Himmelsäquator und
sie macht mit letzterm einen Winkel von 23° 28′ —
5° 9′ = 18° 19′. Diese Verhältnisse verursachen, daß
der Mond sich in den verschiedenen Jahren ungleich hoch
im Meridiane über den Horizont erhebt. So blieb im
Jahre 1864 der Vollmond im Winterhalbjahre etwa 5°
tiefer als die Sonne im Sommerhalbjahre, während
er im Winter 1873—74 ungefähr 4° höher stand
als die Sonne in jenem Sommerhalbjahre. Von der
Höhe des Mondes über dem Horizonte im Meridiane,
hängt aber die Dauer des Mondscheines ab, so daß also
die Bewegung der Knoten auf diese Dauer in den einzelnen Nächten der verschiedenen Jahre von wesentlichem
Einflusse ist.

Die große Are der Mondbahn hat ebenfalls keine
feste Lage im Weltraume, vielmehr schreitet sie recht-
läufig fort, so daß sie in 8 Jahren 310 Tagen 13ʰ
29ᵐ den ganzen Himmel umwandert. Auch diese Bewegung ist nicht gleichförmig, die Apsidenlinie geht sogar
zu gewissen Zeiten wirklich rückwärts, im Ganzen überwiegt aber die rechtläufige Bewegung.

Der Aequator des Mondes macht mit der Ebene
der Ekliptik einen Winkel, der nach Wichmann's Bestimmungen 1° 32′ 9″ beträgt; er ist unveränderlich

und die Durchschnittslinie des Mondäquators und der Ekliptik fällt immer mit der mittleren Knotenlinie des Mondes zusammen.

Die raschen Veränderungen der Bahnelemente des Mondes, sind fast ausschließlich eine Folge der störenden Einwirkung der Sonne; von den Planeten üben nur der mächtige Jupiter und die nahe Venus einen (sehr gerin= gen) Einfluß auf die Mondbewegung aus. Betrachten wir zunächst den Einfluß der Sonne auf das Rückwärts= gehen der Knoten. Die Sonne wirkt aus der Ebene der Ekliptik anziehend auf den Mond und sucht ihn in diese Ebene herabzuziehen, sie beschleunigt also den Moment, in welchem derselbe den Durchschnittspunkt seiner Bahn mit der Ebene der Ekliptik passirt; der Mond erreicht diesen Punkt früher und unter einem stumpfern Winkel als solches ohne dies geschehen wäre, d. h. der Mond gelangt früher in seinen Knoten und die Bahnneigung nimmt zu. Hat er den Knoten passirt und ist er auf die entgegengesetzte Seite der Ekliptik gekommen, so strebt die Wirkung der Sonne dahin, ihn wieder dieser Ebene zu nähern, die Neigung der Bahn nimmt daher ab, die retrograde Bewegung der Knotenlinie aber bleibt bestehen. Wenn die Knotenlinie der Mondbahn mit der Linie der Syzygien zusammenfällt, so fällt die störende Einwirkung der Sonne auf die Knoten hinweg, da sich jene jetzt in der Ebene der Mondbahn befindet. Fällt dagegen die Knotenlinie zusammen mit der Linie der Quadraturen, so schreitet sie schnell zurück, aber die Neigung der Bahn bleibt im Ganzen unverändert. Erreicht der Mond, während er von einer Quabratur zu einer Syzygie geht, seine Knotenlinie, so giebt die störende Einwirkung der Sonne dieser letztern eine langsamere retrograde Bewegung als in dem vorhin betrachteten Falle und gleichzeitig nimmt die Bahnneigung ab. Trifft dagegen der Monb auf die Knotenlinie seiner Bahn, während er von einer Syzygie zu einer Quabratur gelangt, so geht die Knotenlinie wiederum langsam zurück, aber die Neigung der Bahn wächst. Die Neigung der Monbbahn ist überhaupt am größten, wenn die Knotenlinie durch die Sonne geht, am kleinsten bei der darauf senkrechten Lage derselben.

Was die fortschreitende Bewegung der Apsidenlinie der Monbbahn anbelangt, so ist es schwer durch bloßes Raisonnement ohne Zuhilfenahme der Analysis die Ursache dieser Bewegung nachzuweisen; indeß möge hier versucht werden, wenigstens einen allgemeinen Begriff derselben zu verschaffen. Wenn die Apsidenlinie der Monbbahn diejenige Lage einnimmt, daß sie verlängert auf die Sonne trifft und der Monb nähert sich dem Punkte seiner kleinsten Entfernung von der Erde (dem Perigäum), so wirkt die störende Kraft von der Erde weg und der Monb erreicht demgemäß den Punkt seiner größten Erdnähe früher, als dies ohne den Einfluß der Sonne der Fall sein würde. Im Punkte der größten Entfernung von der Erde (dem Apogäum) strebt die Anziehung der Sonne ebenfalls dahin, die Entfernung des Mondes von der Erde zu vergrößern; der Monb erreicht daher später den Punkt seiner Erdferne als bei der ungestörten elliptischen Bewegung, die Apsidenlinie

schreitet also vorwärts. Es verhalten sich aber in diesem
Falle die störenden Kräfte sehr nahe, wie die betreffenden
Distanzen des Mondes von der Erde, die progressive
Bewegung der Apsidenlinie überwiegt also. Fällt die
Apsidenlinie der Mondbahn mit der Linie der Qua=
braturen zusammen, steht sie also senkrecht auf der Ver=
bindungslinie von Sonne und Erde, so bewirkt die
störende Kraft der Sonne eine fortschreitende Bewegung
der Apsidenlinie, wenn der Mond im Perigäum steht
und eine retrograde in der Nähe des Apogäums. Da
nun auch in diesem Falle, wie die Analysis zeigt, die
störende Kraft den Distanzen des Mondes von der Erde
direct proportional ist, so schreitet die Apsidenlinie
zurück. Untersucht man genauer den totalen Effect,
welchen die Anziehung der Sonne auf die Apsidenlinie
in jeder Lage derselben ausübt, so findet man,
indem man die störende Kraft in zwei Seitenkräfte zer=
legt, von denen die eine senkrecht auf der Verbindungs=
linie von Erde und Mond (dem sogen. Radius vector)
steht, die andere aber in der Richtung dieser Linie von
der Erde wegwirkt, daß die Wirkung der letztern über=
wiegt und die Bewegung der Apsidenlinie im Ganzen
eine fortschreitende ist.

Eine merkwürdige und erst in der neuesten Zeit
ihrem ganzen Wesen nach richtig erkannte Anomalie in
der Bewegung des Mondes ist die Verkürzung seiner
Umlaufszeit. Diese Verkürzung ist außerordentlich gering,
denn sie beträgt seit den Zeiten des Babylonier, nach
den Untersuchungen von Laplace nur 0·56 Secunde.

Nichtsbestoweniger ist diese Thatsache schon aus dem
Grunde von sehr hohem Interesse, weil sie die einzige
dieser Art im ganzen Planetensysteme ist; dazu hat es
lange Zeit hindurch den Bemühungen der bedeutendsten
Geometer durchaus nicht gelingen wollen, ihre Ursache
aufzufinden und damit die Grenzen kennen zu lernen, in
welche sie eingeschlossen ist. Erst Lagrange wies auf
einen Umstand hin, welcher geeignet ist die Erscheinung
hervorzurufen. Dieser Umstand ist die Abnahme der Excentricität der Erdbahn. Während die halbe große Axe der
Erdbahn oder die mittlere Entfernung der Erde von der
Sonne in Folge der planetarischen Störungen keiner
Abnahme unterworfen ist, vermindert sich die Exentricität
der Erdbahn aus der genannten Ursache seit Jahrtausenden allmählich. Diese Verminderung wird noch etwa
18000 Jahre andauern und die Excentricität dann ihren
kleinsten Werth 0·00275 erreichen, um hierauf durch
Jahrtausende wieder zuzunehmen. Durch die Abnahme
der Excentricität der Erdbahn wird die Sonne dem Mittelpunkte der Mondbewegung im Ganzen etwas näher
gebracht und dadurch muß sich der Umfang der Mondbahn allmählich vermindern. Das Gleiche gilt von seiner
Umlaufsdauer, auch sie muß um einen geringen Betrag
abnehmen, die scheinbare Bewegung aber wachsen,
da der Mond jetzt in kürzerer Zeit den ganzen Kreis-
umfang beschreibt. Aus der Abnahme der Erdbahnexcen-
tricität resultirt demnach eine Zunahme der mittlern
Bewegung des Mondes und solche zeigen die Beobachtungen der ältesten Zeiten beim Vergleich mit den

heutigen in der That an. Die Größe der Einwirkung, welche
die Abnahme der Erdbahnexcentrität auf die Zunahme
der mittleren Mondbewegung ausübt, läßt sich natürlich
nur durch eine specielle analytische Untersuchung fest=
stellen und dann mit der Beobachtung vergleichen. Diese
Untersuchung ist sehr schwierig und man kann in jedem
Falle den mathematischen Ausdruck für die Zunahme der
mittlern Mondbewegung nur in Gestalt einer sogenannten
unendlichen Reihe erhalten. Auf diesem Wege fand
Laplace den Coëfficienten der säcularen Acceleration der
mittlern Mondbewegung zu 10·72″. Durch die Mond=
acceleration wird hauptsächlich der Ort des Mondes am
Himmelsgewölbe verändert und diese Veränderung beein=
flußt wieder in sehr leicht bemerkbarem Maße das Ein=
treten von Sonnen= und Mondfinsternissen. Die alten
Finsternißbeobachtungen bieten so ein gutes Mittel dar,
den Coëfficienten der Mondacceleration aus den Beob=
·achtungen zu bestimmen, und in der That fand Hansen
dafür auf diesem Wege den Werth von 12·18″. Die
Uebereinstimmung mit dem von Laplace theoretisch
bestimmten ist wie man sieht eine genügende und man
konnte daher nicht zweifelhaft sein, daß die von Lagrange
bezeichnete Ursache in der That geeignet und hinreichend
ist die Beschleunigung der mittleren Mondbewegung her=
vorzubringen. In neuester Zeit haben sich aber Delau=
nay und Abams aufs Neue mit theoretischen
Untersuchungen der mittlern Mondbewegung befaßt und
ihre Rechnungen viel weiter ausgedehnt als dies vor
ihnen von Laplace geschehen war. Sie fanden dabei

übereinstimmend, daß die von Laplace vernachläſſigten Glieder der oben genannten Reihe, den Endwerth für den Coëfficienten weſentlich ändern. Nach den genannten Aſtronomen iſt der aus der Theorie folgende definitive Werth dieſes Coëfficienten 6·11″. Mit dieſem Werthe aber ſtimmen die Beobachtungen durchaus nicht überein und ſonach kann auch die Abnahme der Erdbahn= exentricität nicht die einzige Urſache der Zunahme der mittleren Mondbewegung ſein; vielmehr muß noch ein anderer Factor exiſtiren, der hier auch in merklichem Grade einwirkt. Auf Grund eingehender Unterſuchungen kamen Delaunay und Adams zu dem Schluſſe, daß nur eine Abnahme der Erdrotation als mitwirkende Urſache angenommen werden könne. Den Beobachtungen zufolge iſt die Säcularacceleration der Mondbewegung 12·18″ und das Voreilen des Mondes in Folge dieſes Umſtandes beträgt für die letzten 2000 Jahre 1° 21′ 12″. Die Abnahme der Excentricität der Erdbahn hat an dieſem Vor= eilen für denſelben Zeitraum einen Antheil von 40′ 44″, ſo= nach verbleiben alſo 40′ 28″ als ſcheinbares Voreilen des Mondes, bewirkt durch die Verlangſamung der Erdrotation. Daß überhaupt bei einer ſolchen Verlangſamung eine ſchein= bare Zunahme der mittleren täglichen Bewegung des Mondes erfolgen muß, iſt leicht einzuſehen. Nehmen wir beiſpielsweiſe an, der Mond durchlaufe an jedem Tage einen Bogen des Himmels von 13°, und es verlangſame ſich plötzlich die Rotationsdauer der Erde um $1/13$, d. h. es würden Tag und Nacht plötzlich um $1/13$ länger, ſo würde ſich dies in der mittleren Mond=

bewegung dadurch verrathen, daß der Mond täglich einen
Weg am Himmel zurücklegte, der $1/13$ größer als der
frühere wäre, es schiene daher, als wenn die mittlere
Mondbewegung sich um $1/13$ beschleunigt hätte. Machen
wir jetzt die Voraussetzung, daß gegenwärtig der Tag
um 1 Secunde länger sei als vor 2000 Jahren; dann
würde das Jahr um $365\frac{1}{4}$ Secunden und das Jahrhundert um 36525 Secunden, also um $10^h\ 8^m\ 45^s$
länger sein wie damals. In diesem Zeitraume durchläuft
der Mond aber am Himmel einen Bogen von 20053'',
d. h. um diesen Betrag würde er vorgeeilt sein und der
Factor der Acceleration mußte 514·2'' sein. Nun ist er
aber blos 6·11'', d. h. um $1/84$ kleiner, daher auf die
Verlängerung der Erdrotation in den letzten 2000 Jahren
nicht 1 Secunde, sondern nur $1/84$ Secunde beträgt. Der
Mond ist es nun selbst, welcher die Verlangsamung der
Erdrotation bedingt und zwar durch die von ihm auf die
flüssigen Theile der Erdoberfläche ausgeübte Anziehung.
Durch diese Attraction des Mondes werden in der Gestalt
der Meeresfluth täglich gegen 120 Kubikmeilen Wasser
im Gewichte von etwa 70 Billionen Centnern über die
Erde hinübergeführt und in Folge der Reibung dieser
Wassermasse entsteht die Verlangsamung der Erdrotation. —

Die Bahn des Mondes mit Bezug auf die Erde
oder den gemeinsamen Schwerpunkt beider Weltkörper,
ist eine Ellipse. Wenn daher von außen keine störende
Kraft auf den Mond einwirkte, so würde er sich in dieser
Ellipse streng nach den Kepler'schen Gesetzen bewegen und

es wäre sehr leicht für jede beliebige Zeit seinen Ort in
dieser Bahn zu berechnen. In Wirklichkeit ist aber die
Bewegung des Mondes, in Folge der störenden Ein=
wirkung der Sonne, eine außerordentlich verwickelte und
es treten eine sehr große Menge von Ungleichheiten
seiner Bahnbewegung auf, die alle streng berücksichtigt
werden müssen, wenn es sich darum handelt, den Ort
des Mondes für jede gegebene Zeit vorher zu berechnen.
Aus diesem Grunde ist es auch erst in der neuesten Zeit
gelungen, Mondtafeln von hinreichender Genauigkeit, aus
denen man die Mondörter leicht ableiten kann, zu ent=
werfen. Hansen's Theorie der Mondbewegung und seine
darauf basirenden Mondtafeln haben zuerst sämmtlichen
Anforderungen der Jetztzeit Genüge geleistet, alle vorher=
gehenden Tafeln zeigten mitunter recht merkliche Ab=
weichungen vom wahren Orte des Mondes. Wir wollen
hier die hauptsächlichsten Ungleichheiten der Mondbewegung
etwas näher betrachten. Unter ihnen gibt es eine, welche
von Tycho Brahe mit dem Namen Evection be=
zeichnet wurde und welche den wahren Ort des Mondes
bis zu 1⁰ 15′ verändert. Es ist nämlich in Folge der=
selben die Länge des Mondes in den Syzygien um diesen
Betrag größer als sie nach der reinen elliptischen (unge=
störten) Bewegung sein sollte und nahe den Quadraturen
um denselben Betrag geringer. Die eigentliche Ursache
der Evection ist in der Bewegung der Apsidenlinie der
Mondbahn zu suchen. Wenn diese letztere diejenige Lage
hat, daß ihre Verlängerung auf die Sonne trifft, so
ändert sich die Excentricität der Mondbahn durch den

Einfluß der Sonne nicht, wenn aber dann die Apsiden=
linie in ihrer Bewegung fortschreitet, sie nimmt die
Excentricität der Mondbahn in Folge der Einwirkung
der Sonne nach und nach ab, bis die Apsidenlinie senk=
recht auf der Richtung zur Sonne steht. In diesem Falle
bleibt die Excentricität der Mondbahn wiederum unbeein=
flußt von der Sonne, aber in dem Maße als die Be=
wegung der Apsiden weiter geht, beginnt die Störung
der Sonne ihren Einfluß auf die Excentricität wiederum
geltend zu machen und diese nimmt jetzt langsam zu,
bis das andere Ende der Apsidenlinie wieder durch die
Sonne geht. Die Wirkung dieser Excentricitätsveränderung
äußert sich nun in einer Störung in des Mondes Länge,
die eben nichts anderes als die Evection ist.

Eine zweite große Ungleichheit in der Mondbewegung
ist die Variation, welche von Tycho Brahe um
1590 zuerst entdeckt wurde. Sie besitzt ihren größten
Werth von 32′ in den Octanten und verschwindet in den
Syzygien und Quadraturen. Die Ursache der Variation
ist darin zu suchen, daß die Tangentialkraft des Mondes
durchgängig in den Syzygien am größten und in den
Quadraturen am kleinsten ist. Wenn der Mond von der
Conjunction gegen das erste Viertel rückt, so vermindert
sich, in Folge der Sonnenanziehung seine Winkelbewegung
beträchtlich; sie nimmt aber wieder zu vom ersten Viertel
bis zum Vollmonde. Vom Vollmonde bis zum letzten
Viertel nimmt sie abermals ab und wächst hierauf wieder
bis zum Neumonde. Der wahre Ort des Mondes muß
demnach im ersten Quadranten seiner Bahn dem elliptischen

(ungeſtörten) voraus ſein, ebenſo im britten, während er in ben beiben übrigen Quabranten hinter bemſelben zurückbleibt.

Die ſogenannte jährliche Gleichung bes Mondes iſt bie britte ber großen Ungleichheiten ſeiner rein elliptiſchen Bewegung, boch erreicht ſie im Maximum nur etwa 11' unb iſt alſo weit kleiner als bie Variation. Ihre Urſache iſt bie nicht genau kreisförmige Bahn ber Erbe. Weil unſer Planet ſich nämlich in einer elliptiſchen Bahn um bie Sonne bewegt, ſo muß bie ſtörenbe Kraft ber Sonne ſich fortwährenb verminbern, während bie Erbe vom Perihelium zum Aphelium geht, ſie wirb aber wieber zunehmen, wenn unſer Planet ſein Aphelium er= reicht unb wieberum ſeiner Sonnennähe zuſtrebt. Die Erbe wirb auf ihrer Bahn ſtets vom Monbe begleitet umkreiſt; ber ſtörenbe Einfluß ber Sonne auf bie Monb= bewegung muß baher ſeinen größten Werth erreichen, wenn bie Erbe im Perihele ſteht, ſeinen kleinſten wenn ſie im Aphelium iſt. Dieſer ſtörenbe Einfluß ber Sonne äußert ſich bem Monbe gegenüber nun baburch, baß, während bie Erbe bem Perihele zueilt, bie Monbbahn eine ſtufenweiſe Erweiterung erfährt, ber Monb alſo ſich mehr unb mehr von ber Erbe entfernt; bewegt ſich bagegen bie Erbe vom Perihel zum Aphel, ſo nimmt bie ſtörenbe Kraft ber Sonne ab unb bie Monbbahn verkleinert ſich wieber. Dieſe Vergrößerung unb Verringerung bes mitt= lern Monbabſtanbes von ber Erbe in Folge ber ſtörenben Einwirkung ber Sonne, würde ſich burch birecte Meſſungen nur ſchwer ober gar nicht nachweiſen laſſen, aber bie

Aenderung der Bahndimensionen zieht gleichzeitig eine
Aenderung der Umlaufszeit nach sich und diese ist es, die
sich in den Beobachtungen mit Leichtigkeit zu erkennen
gibt. In der That beträgt die synodische Umlaufszeit
des Mondes im Januar, wenn die Erde sich in ihrer
Sonnennähe befindet, 29¾ Tage, ein halbes Jahr
später indeß, wenn die Erde das Aphelium erreicht hat,
nur 29¼ Tage. Der Mond braucht daher in der ersten
Epoche mehr Zeit um einen ganzen Umlauf zu vollbringen,
seine mittlere Bewegung ist also langsamer als in
der zweiten Periode und man begreift, wie in Folge
dessen überhaupt die Länge des Mondes in der ersten
Hälfte des Jahres vermindert, in der zweiten dagegen
um ebenso viel vermehrt wird. Die Dauer der Periode
ist ein Jahr und daher der Namen.

Unter den kleineren Störungen des Mondes ist eine
von langer Periode, welche durch die Abplattung der Erde
hervorgerufen wird. Um die Art und Weise wie diese
Störung zu Stande kommt besser zu verstehen, möge in
nebenstehender Figur (1) P P′ die
Polaraxe, A Q die Aequatorial=
axe der Erde und M der, in
der Ebene des Erdäquators
stehende Mond sein. Denkt man
sich mit dem Polarhalbmesser der
Erde einen Kreis beschrieben und
diesen um seine Axe gedreht, so
entsteht eine Kugel, die am Pole mit der Erdoberfläche
zusammenfällt, gegen den Aequator hin aber mehr und

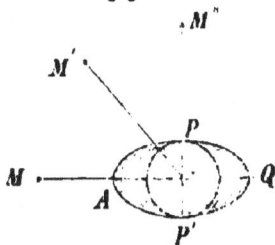

Fig. 1.

mehr unter dieselbe tritt, so daß hier noch eine wulst=
artige Schale übrig bleibt. Diese Schale nun ist es,
welche die in Rede stehende Störung erzeugt. Denn die
höhere Mathematik beweist, daß bei einer vollkommenen
Kugel ihre Anziehung so wirkt, wie wenn die ganze
Masse in ihrem Mittelpunkte vereinigt wäre; bei einem
Sphäroid ist dies aber nicht mehr der Fall, seine An=
ziehung auf einen in der Ebene des Aequators stehenden
Körper ist ſtärker als wenn die geſammte Maſſe im
Mittelpunkte vereinigt wäre. Das Umgekehrte findet für
ein Sphäroid bei der Anziehung in der Richtung eines
seiner Pole statt, sie ist hier ſchwächer als wenn die
geſammte Masse im Mittelpunkte vereinigt wäre. Von M
über M' nach M'' nimmt demnach die Anziehung bei
gleichem Abstande des Mondes vom Erdmittelpunkte fort=
während ab. Nun bewegt sich der Mond freilich weder
in der Ebene des Aequators noch in der hierauf senk=
recht stehenden, aber die Neigung seiner Bahn gegen den
Erdäquator schwankt innerhalb einer Periode von $18\frac{6}{10}$
Jahren zwischen 18^0 und 29^0, so daß wenigstens ein
Theil der Wirkung, welche die Abplattung oder die wulst=
artige Auftreibung der Erde am Aequator hervorruft,
zur Geltung kommt. Während einer Periode von $9\frac{8}{10}$
Jahren, wenn die Neigung der Mondbahn gegen den
Erdäquator zunimmt, vermindert sich demnach die An=
ziehung der Erde auf den Mond stufenweise und nimmt
nach Ablauf dieser Zeit in den nächsten $9\frac{8}{10}$ Jahren
ebenfalls langsam wieder zu. In der ersten Periode

muß, weil die Erdanziehung abnimmt, die Mondbahn
sich etwas erweitern, in der zweiten verengt sie sich wieder.
Diese Veränderungen sind klein, aber sie beeinflussen in
deutlich merkbarem Grade den Ort des Mondes. Man
hat aus den Beobachtungen gefunden, daß diese Störung
des Mondes in Länge 7″ beträgt. Man kann diese
Störung der Länge des Mondes berechnen, wenn die
Größe der Erdabplattung bekannt ist, umgekehrt läßt sich
aber auch die Abplattung der Erde finden, wenn man
den Coëfficienten dieser Mondstörung kennt. Auf letzterm
Wege findet man für die Abplattung unsers Planeten
nahe $\frac{1}{300}$, was mit den directen Messungen (Grad=
messungen) vortrefflich übereinstimmt. Die Abplattung
der Erde beeinflußt auch die Bewegung der Apsidenlinie
der Mondbahn, jedoch ist das hierdurch bewirkte Voran=
schreiten derselben kaum wahrnehmbar neben der weit
größern Wirkung, welche die Sonne erzeugt.

Eine andere Störung in des Mondes Länge hat
zum Coëfficenten einen Ausdruck, der von der Größe
der Sonnenentfernung abhängt. Dieser Coëfficent ist
auch aus den Beobachtungen bestimmt worden und
Hansen fand daraus rückwärts die Entfernung der
Sonne von der Erde zu 19,875000 geographischen
Meilen. Anderseits läßt sich auch aus gewissen Mond=
beobachtungen die Größe der Erde und die Entfernung
des Mondes berechnen, so daß, wie schon Laplace
hervorhob, ein Astronom, ohne seine Sternwarte zu ver=
lassen, durch bloße Vergleichungen der Beobachtungen

5*

mit der Theorie, die Größe der Erde, ihre Abplattung, die Entfernung des Mondes und die Distanz der Sonne bestimmen könnte. Diese Größen und Verhältnisse zeichnet die Bewegung des Mondes in großen Zügen wieder, aber die vereinten Anstrengungen einer großen Zahl der scharfsinnigsten Denker waren erforderlich, diese geheimniß= vollen Schriftzüge zu enträthseln.

II.

Der Mond wendet uns bei seiner Umlaufsbewegung stets dieselbe Seite zu; er dreht sich also während dieser Zeit einmal um seine Axe. Simplicius glaubte zwar, eben weil der Mond uns stets dieselbe Seite zuwendet, den entgegengesetzten Schluß ziehen zu müssen und behauptete, er drehe sich nicht um seine Axe; allein es ist nicht schwierig sich von der Unrichtigkeit dieser Behauptung zu überzeugen. Denken wir uns nämlich einen Beobachter außerhalb der Mondbahn, etwa auf der Sonne. Diesem würde der Mond zur Zeit des Neumondes die von uns abgewandte Seite zeigen; im Augenblicke des Vollmondes dagegen die uns zugekehrte Hälfte seiner Oberfläche. Folglich sieht ein Auge außerhalb der Mondbahn im Verlaufe jedes Mondumlaufes alle Seiten unsers Trabanten, und dieser dreht sich daher in der nämlichen Zeit einmal um seine Axe. Diese fortdauernde Uebereinstimmung der Rotationsdauer des Mondes mit seiner mittlern Umlaufsbewegung, die selbst, wie wir gesehen, in langen Zeitperioden etwas veränderlich ist, erklärt sich am ungezwungensten unter Annahme einer gegen die Erde hin verlängerten (ellipsoidischen) Gestalt des Mondes. Diese Annahme ist schon an und für sich sehr wahrscheinlich in Rücksicht auf die Entstehung des Mondes und der Erde aus einem glühend flüssigen Balle, sie ist aber auch direct durch die Beobachtungen selbst nachweisbar. Hansen fand theoretisch die Größe dieser Anschwellung zu 0·034 des Mondhalbmessers; Gussew aus Messungen, welche er an Photographien von Warren be la Rue angestellt, dagegen 0·07, um welchen Betrag die uns zugekehrte Mondhälfte über die eigentliche Kugelfläche sich erhebt.

Wenn uns der Mond aber auch im Allgemeinen stets dieselbe Seite zuwendet, so bemerkt man doch von Zeit zu Zeit kleine Schwankungen, durch welche am Rande der Mondscheibe gewisse Regionen sichtbar werden, die im Allgemeinen der entgegengesetzten, abgewandten Mondseite angehören. Diese Schwankungen werden Librationen genannt und man unterscheidet specieller eine Libration in Länge, eine Libration in Breite und eine optische oder parallactische Libration.

Die Libration in Länge entsteht dadurch, daß die Umdrehung des Mondes um seine Axe gleichförmig von Statten geht, während die Bahnbewegung ungleichförmig ist.

Sei (Fig. 2) E' die Erde und M der in seiner Erdnähe befindliche Mond, so ist a der Punkt, welcher von der Erde ausgesehen, sich auf der Mitte der Mondscheibe befindet. Der Mond durchläuft während des vierten Theiles seiner Umlaufszeit, vom Perigäum, also der Erdnähe c aus, den Bogen cc' seiner Bahn. Dieser Bogen ist größer als 90⁰, weil der Mond in der Erdnähe eine größere Geschwindig-

Fig. 2.

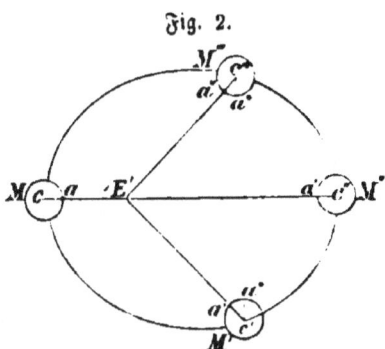

keit als seine mittlere besitzt. Da aber die Umdrehung der Mondkugel um ihre Are gleichförmig vor sich geht, so hat sich in derselben Zeit die Mondkugel nur um 90⁰ gedreht. Von der Erde aus erblickt man daher nicht mehr den Punkt a auf der Mitte der Mondscheibe, sondern den Punkt a', so daß a nach Osten verschoben erscheint. Wenn der Mond nach M'' kommt, so hat er die Hälfte seines Umlaufes vollendet und der Punkt a steht jetzt wieder mitten auf der Mondscheibe. Nachdem wiederum ein Viertel der ganzen Umlaufszeit des Mondes verstrichen ist, befindet sich dieser in M'''. Der Bogen c'' c''' ist nun aber kleiner als 90⁰, weil die Bewegung des Mondes in diesem Theile seiner Bahn geringer als seine mittlere ist. Die Drehung der Mondkugel um ihre Are beträgt aber auch hier unveränderlich 90⁰, und man erblickt deshalb von der Erde aus jetzt den Punkt a'' auf der Mitte der Mondscheibe, während a nach Westen verschoben ist. Es ist klar, daß die Größe der Libration des Mondes in Länge direct gleich dem Unterschiede der

wahren und mittlern Länge des Mondes ist und durch
diese Differenz für jede gegebene Zeit leicht bestimmt
werden kann. Stände die Mondare senkrecht auf der
Bahn des Mondes, so würde eine Libration in Breite
nicht stattfinden, weil aber die Ebene des Mondäquators
mit jener der Mondbahn einen Winkel von im Mittel
6° 40' 49" macht, so können die Mondpole nicht stets
genau im Rande der Mondscheibe liegen und wir sehen
bald etwas von der entgegengesetzten Seite der Mond=
kugel um den einen der Mondpole herum, bald wird
an demselben Pole ein Theil der diesseitigen Halbkugel
unseren Blicken entzogen.

Die Ursache der parallactischen Libration ist ebenfalls
leicht nachzuweisen. Es sei (Fig. 3)
C der Mittelpunkt der Erde, 1
jener des Mondes, so erblickt
ein Beobachter in C und in A
den Punkt m der Mondober=
fläche auf der Mitte und die
Punkte r und r' im Rande
der Scheibe. Für jeden andern
Beobachter, etwa in B, nimmt
ein anderer Punkt, z. B. m',
den Mittelpunkt der Mondscheibe
ein und R R' liegen im Rande.
Die Größe des Winkels B 1 C
der parallactischen Libration,
hängt offenbar gleichzeitig von

Fig. 3.

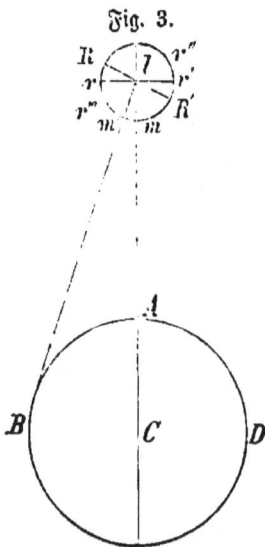

der Größe von B C und von C 1, d. h. von dem Halb=
messer der Erde und von der Entfernung des Mondes ab.

In Folge der Libration kommt uns nach und nach
ein ziemliches Stück der jenseitigen Mondhalbkugel zu
Gesichte, so daß uns im Ganzen nur 0.4243 der Mond=
oberfläche stets entrückt bleiben.

Die Farbe des Mondlichtes ist gelblich=weiß, bei
Tage erscheint der Mond dagegen rein weiß. Den Grund
hievon findet Arago darin, daß sich bei Tage derjenige
Theil der blauen Farbe des Himmelsgrundes, welcher
sich auf der Mondscheibe projicirt, mit dem gelblichen
Lichte des Mondes vermischt und beide in ihrer Ver=
einigung Weiß geben. Was die Helligkeit des Mond=
lichtes im Vergleiche zum Lichte der Sonne anbelangt,
so hat man seit länger als 170 Jahren Versuche angestellt,
dieses Verhältniß zu ermitteln, aber erst Zöllner
gelang es 1865 mittels eines ausgezeichneten photo=
metrischen Apparates — dem sogenannten Astrophotometer
— die Frage entgiltig zu beantworten. Es ergab sich auf
diese Weise, daß der Vollmond in seiner mittlern Entfernung
$1/618000$ der Leuchtkraft der Sonne besitzt. Früher hatte
Wollaston aus photometrischen Versuchen mittels Ver=
gleichung der Schatten $1/800000$ gefunden. Die Leuchtkraft
der einzelnen Mondphasen ist natürlich um so geringer,
je schmaler die helle Mondsichel ist; man kann nun, wie
Lambert gezeigt hat, auf dem Wege der Rechnung
die Helligkeit der einzelnen Mondphasen im Verhältnisse
zur Gesammthelligkeit des Vollmondlichtes bestimmen.
Diese theoretisch gefundene Helligkeit stimmt jedoch mit

der wirklichen, wie die Beobachtungen von Zöllner ergeben, nicht überein. Als der Letztere indeß in die Lambert'sche
Formel eine Constante einführte, welche theoretisch den
mittlern Elevationswinkel der Mondberge ausdrückt —
und die zu 52° bestimmt wurde, — ergab sich eine
befriedigende Uebereinstimmung zwischen Beobachtung und
Rechnung. Der Mond reflectirt bei weitem nicht alle
auf ihn treffenden Lichtstrahlen der Sonne, seine licht-
reflectirende Kraft ist sogar ziemlich gering. Nach den
Untersuchungen von Zöllner beträgt sie 0.1736 und
ist etwas größer als die des Thonmergels, d. h. wenn
die ganze uns zugewandte Mondoberfläche aus Thon-
mergel bestände, so würde uns der Mond nahe ebenso
hell erscheinen, wie es jetzt der Fall ist. Wäre dagegen
der Mond mit einer frischen Schneelage bedeckt, so müßte
er uns vier- bis fünfmal heller erscheinen als gegenwärtig.

Erregt das Mondlicht Wärme? Diese Frage ist
lange verneint worden, denn weder Tschirnhausen
mit seinen gewaltigen Brennspiegeln, noch Lahire mit
noch kräftigeren Apparaten vermochten die geringste Einwirkung der concentrirten Mondstrahlen auf ein sehr
empfindliches Luftthermoskop wahrzunehmen. Erst im
Jahre 1846 fand Melloni in Neapel unter Anwendung einer großen sogenannten Zonenlinse und eines
thermoelectrischen Apparates, der für die feinsten Tem-
peraturdifferenzen empfindlich ist, daß dem Mondlichte
in der That eine geringe Wärme zukommt. Diese Versuche sind später vielfach mit demselben Erfolge wiederholt worden. Smith schätzte auf der Guajaraspitze von

Teneriffa die Intensität der Mondwärme etwa zu ⅓ derjenigen einer Kerze in 15 Fuß Entfernung. Im Jahre 1869 fand Baille in Paris die Mondwärme gleich derjenigen, welche ein Würfel siedenden Wassers von 6½ Centimeter Seite in 35 Meter Entfernung erregt.

Zur Zeit wenn die Mondsichel schmal ist, also wenige Tage vor und nach dem Neumonde, erblickt man bei heiterm Himmel, selbst am Tage kurz nach Sonnenunter=gang, den nicht von der Sonne beschienenen Theil der Mondscheibe in eigenthümlichem, graugrünem Lichte schim=mern. Man nennt diesen Schimmer das aschfarbene oder secundäre Mondlicht. Dasselbe ist natürlich schon in den ältesten Zeiten wahrgenommen worden; allein erst Leo=nardo da Vinci und Mästlin kamen auf die rich=tige Erklärung desselben, wonach es nichts anderes als der Widerschein des Erdenlichtes ist. Daß es sich hier=mit in der That so verhält ist leicht zu zeigen. Denken wir uns es sei Neumond, so ist uns die Nachtseite des Mondes zugewandt, aber die Erde kehrt nun dieser Nacht=seite ihre ganze, vollbeleuchtete Scheibe zu, welche die Mondscheibe 13½ mal an Größe übertrifft und die Mond=landschaften mit einem eben so vielmal intensivern Licht erleuchtet, wie der Vollmond die Regionen unserer Erde bei Nacht. Beim Vollmonde ist die Sache umgekehrt, jetzt hat die dem Monde zugewandte Erdseite Nacht und die Mondscheibe liegt in voller Sonnenbeleuchtung. Wie in diesen beiden so auch in allen anderen Mondstellungen sind die Lichtgestalten der Erde für den Anblick vom Monde aus immer die umgekehrten der Mondphasen für

den Anblick von der Erde aus. Kurz vor und nach dem
Neumonde, wo uns der Mond eine sehr schmale, erleuch=
tete Sichel zeigt, erblickt er selbst die Erde fast ganz er=
leuchtet, indem dieser nur eine verhältnißmäßig ebenso
schmale Sichel an der vollständigen Scheibe fehlt. Dieses
volle Erdenlicht erleuchtet nun die Nachtseite des Mon=
des hell genug, um den Widerschein uns wahrnehm=
bar zu machen. In dem Maße als die leuchtende Mond=
sichel an Breite zunimmt, muß für den Anblick vom
Monde aus die helle Erdscheibe an Breite abnehmen,
das Erdenlicht, welches die Nachtseite des Mondes trifft,
wird daher immer schwächer, bis wir zuletzt seine Erhel=
lung der dunklen Mondregionen gar nicht mehr wahr=
nehmen können. Dies findet gegen die Quadraturen hin
statt, wenigstens kann man mit bloßem Auge das asch=
farbene Mondlicht kaum noch zwei Tage vor dem Er=
sten oder ebenso lange nach dem Letzten Viertel wahr=
nehmen. In lichtstarken Fernrohren vermag man indeß
den Widerschein des Erdenlichtes in der Nachtseite des
Mondes selbst ein bis zwei Tage nach dem Ersten Viertel
noch zu erkennen. Ich selbst habe die Erscheinung in
einem kleinen Nachtfernrohre häufig einen Tag nach dem
Ersten Viertel, einmal sogar 31 Stunden nach demselben
wahrgenommen. Da das aschgraue Mondlicht nur reflec=
tirtes Erdenlicht ist, so muß seine Intensität neben der
Größe der Erdphase auch davon abhängen, welche Theile
der Erde dem Monde ihr Licht zusenden und welche Hei=
terkeit der Atmosphäre im Durchschnitte auf dieser Erd=
hemisphäre herrscht. Schon Galilei war darauf auf=

merkſam geworden, daß das ſecundäre Mondlicht v o r
dem Neumonde heller ſei als n a ch demſelben. Dieſelbe
Bemerkung machte auch S ch r ö t e r. Der Grund dieſer
Erſcheinung liegt, wie ſchon L a m b e r t hervorhob, darin,
daß bei abnehmendem Monde, alſo bis zum Neumonde,
unſer Trabant das Licht erhält, welches von den großen
Landmaſſen Aſiens und Afrika's zurückgeſtrahlt wird,
während bei zunehmendem Monde, alſo nach dem Neu=
monde, hauptſächlich oceaniſche Theile unſerer Erde, das
Atlantiſche und Stille Weltmeer, ihr Licht auf die Nacht=
ſeite des Mondes werfen. Dieſes letztere iſt aber weit
weniger intenſiv als jenes das von den Berglandſchaften
und den weiten, zum Theile wüſten Ebenen der beiden
Continente Aſien und Afrika reflectirt wird. Nach einer
Beobachtung von L a m b e r t, erſchien das ſecundäre Mond=
licht am 14. Februar 1774 von olivengrüner Färbung.
Damals ſtand der Mond ſenkrecht über dem Atlantiſchen
Oceane, die Sonne ſenkrecht über dem ſüblichen Theile
von Peru; „ſie verbeitete alſo,“ ſagt L a m b e r t, „ihren
größten Glanz über Südamerika und wenn nirgends
Wolken hinderlich waren, ſo mußte dieſes große und
meiſt von Wäldern bedeckte Feſtland dem Monde grün=
liche Strahlen in ſolcher Menge zuſenden, um denjenigen
Theil ſeiner Oberfläche, der nicht vom directen Sonnen=
lichte getroffen wurde, in dieſer Farbe erſcheinen zu laſſen.“
Es iſt ein außerordentlich intereſſanter Gedanken, daß der
grüne Schein der unermeßlichen Urwälber Südamerika's
ſich in einem olivengrünen Tone des ſecundären Mond=
lichtes offenbart, aber dieſe Folgerung iſt doch nicht richtig.

Schon Arago bezweifelte die Erklärung von Lam=
bert, indem er auch zu anderen Zeiten eine grünliche
Färbung des secundären Mondlichtes wahrnahm. Eine
längere Beschäftigung mit dem Gegenstande zeigte mir,
daß das secundäre Licht des Mondes recht uneigentlich
als aschgrau bezeichnet wird, sondern daß es vielmehr
graugrün ist, und die Farbe, welche Lambert für eine
ausnahmsweise hielt, die gewöhnliche ist. Wahrscheinlich
ist der bläuliche Hintergrund unserer Atmosphäre die
Ursache der olivengrünen Beimischung, welche die Fär=
bung des secundären Mondlichtes zeigt. —

Es wurde bereits oben die Entfernung des Mondes
angegeben; ich will hier einiges über die Art und Weise
wie sie zuerst mit genügender Schärfe von Lalande
und Lacaille bestimmt wurde, mittheilen.

Es sei (Fig. 4) a d b ein Durchschnitt der kugel=
förmigen Erde, c ihr Mittelpunkt, und in M befinde sich

Fig. 4.

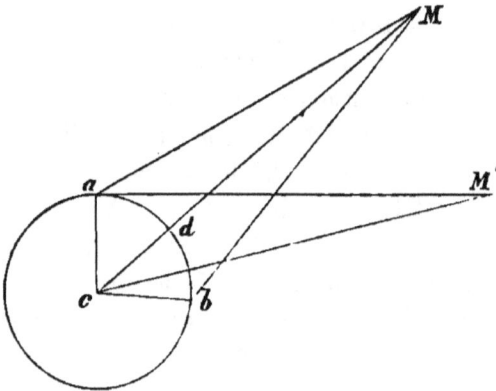

der Mond. Von dem Beobachtungsorte a aus erblickt man
denselben in der Richtung a M, von b aus in der Rich=
tung b M, so daß beide Gesichtslinien sich in dem Punkte
M schneiden. Denkt man sich einen Beobachter in c,
also im Erdmittelpunkte, so würde dieser den Mond in
der Richtung c d M erblicken, und dieser Ort, an wel=
chen von c aus gesehen der Mond am Himmelsgewölbe
erscheint, wird sein wahrer Ort genannt. Der Winkel
aber, welchen die Gesichtslinie nach M von irgend einem
Beobachtungsorte a mit der Gesichtslinie nach M vom
Erdmittelpunkte c aus bildet, wird die Parallaxe
des Mondes genannt. In unserer Figur ist also $\angle$ a M c
diese Parallaxe. Befindet sich der Mond in M′, also im
Horizonte des Beobachtungsortes a, so erreicht seine
Parallaxe a M′ c ihren größten Werth und man nennt
sie nun die Horizontalparallaxe im Gegensatze zu
der Parallaxe a M c, welche Höhenparallaxe heißt.
Ist die Höhenparallaxe bekannt, so kann man auf dem
Wege der Rechnung die Horizontalparallaxe daraus be=
rechnen und umgekehrt. Die letztere aber ist nichts an=
deres als der Winkel, unter welchem einem Auge im Mit=
telpunkte des Mondes der Halbmesser der Erde erscheint.
Kennt man aber die Horizontalparallaxe und den Halb=
messer der Erde, so sind in dem rechtwinkeligen Dreiecke
a c M′, die Winkel a M′ c und c a M′ (letzterer als
Rechter), sowie die Seite a c bekannt. Man kann deshalb
die Größe der Seite c M′ oder die Entfernung des
Mondes von der Erde berechnen. Bei den Beobachtungen,
welche Lalande und Lacaille im Jahre 1751 an=

stellten, beobachtete der erstere den Winkelbestand des süd=
lichen Mondrandes vom Scheitelpunkte zu Berlin im Augen=
blicke des Meridianburchganges des Mondes, der zweite
stellte die gleiche Beobachtung am Cap der guten Hoff=
nung an. Sei in der Figur a Berlin, b das Cap der
guten Hoffnung; die geographische Breite von Berlin ist
52° 30′ 17″ nördlich, diejenige des Cap 33° 55′ 15″
südlich. Lalande fand $<$ z a M, nämlich den Winkel
zwischen dem Monde und dem Scheitelpunkte in a $=$
41° 15′ 44″, Lacaille dagegen $<$ z′ b M oder den
Winkel zwischen dem Monde und seinem Scheitelpunkte
in b $=$ 46° 33′ 37″. Es ist demnach a c b′ $=$
52° 30′ 17″ $+$ 33° 55′ 15″ $=$ 86° 25′ 32″,
ferner $<$ z a M $+$ $<$ z′ b M $=$ 87° 49′ 21″,
also $<$ a M b $=$ 1° 23′ 49″. Die Horizontal=
parallare ergibt sich nun, wenn man $<$ a M b durch
die Summe der Sinusse der Scheitelabstände an den
beiden Beobachtungsorten dividirt, wobei vorausgesetzt
wird, daß beide Beobachtungsorte unter demselben
Meridiane liegen. Ist letzteres nicht der Fall, so müssen
die Beobachtungen erst auf denselben Meridian reducirt
werden. Im vorliegenden Falle findet sich die Mondparall=
are $=$ 60′ 29″, doch ist dies nicht die mittlere,
sondern diejenige, welche der Mondentfernung an jenem
Tage entspricht. Die mittlere Horizontalparallare des
Mondes ergibt sich nach den neuesten Untersuchungen
von Stone, welche sich auf die Beobachtungen am Cap
der guten Hoffnung und zu Greenwich in den Jahren
1856 bis 1861 stützen, zu 57′ 2·707″, und ihr entspricht

eine Entfernung des Mondmittelpunktes vom Centrum der Erde von 51.795 Meilen. Die größten und kleinsten Entfernungen des Mondes von dem Erdmittelpunkte, in Folge der Excentricität seiner Bahn, variiren zwischen 48.950 und 54.650 Meilen; in Folge der Störungen kann sich dagegen die kürzeste Distanz zwischen der Erd- und Mondoberfläche auf 47.000 Meilen vermindern.

Der mittlere scheinbare (Winkel-) Durchmesser des Mondes beträgt, nach den Messungen Wichmann's mittels des Königsberger Heliometers, 31′ 6.61″ oder 468 geographische Meilen. Hieraus folgt, unter Annahme einer rein kugelförmigen Gestalt, daß die gesammte Oberfläche des Mondes 688.640 geographische Quadratmeilen umfaßt, also 13.46mal weniger als die gesammte Erdober- fläche, so daß sie etwa dem Areale des Erdtheils Amerika gleich ist. Die uns zugewandte Hemisphäre des Mondes umfaßt 344.320 Quadratmeilen und ist also fast genau so groß wie das russische Kaiserreich.

Die Masse des Mondes oder wenn man will sein Gewicht, ist beträchtlich geringer als die Masse oder das Gewicht der Erde. Dies ist schon von vorneherein fast gewiß, da der Mond in Folge der Erdanziehung um diese als Trabant seine Bahn beschreibt und in den Himmelsräumen nur die größere Masse das Herrscher- übergewicht verleiht. Die genauere Bestimmung der Größe der Mondmasse ist sehr schwierig; Lindenau fand sie früher zu $\frac{1}{87}$ der Erdmasse; spätere Untersuchungen von Peters und Schibloffsky ergaben $\frac{1}{80}$ und damit stimmt auch Leverrier's Werth von $\frac{1}{81}$ nahe überein

Hansen nimmt $\frac{1}{79.00?}$ als wahrscheinlichsten Werth der Mondmasse an und Newcomb findet aus der sogenann=ten Mondgleichung der Erde die Masse des Mondes = $\frac{1}{81.44}$ der Erdmasse. Im Mittel kann man ohne großen Fehler annehmen, daß die Mondmasse $\frac{1}{80}$ der Erdmasse beträgt. Wäre es daher möglich, den Mond auf einer Wage zu wiegen, so würde sich sein Gewicht zu 1750 Trillionen Centner ergeben.

Wenn die Größe (das Volum) eines Körpers und seine Masse gegeben sind, so kann man sehr leicht seine mittlere Dichtigkeit berechnen. Nennt man D und d die Dichtigkeiten, V und v die Volumina und M, m die Massen zweier Körper, so verhalten sich deren Dichtigkeiten

$$D : d \text{ wie } M \times v : m \times V.$$

Nimmt man die Dichte d der Erde zur Einheit, ebenso ihre Masse m und ihr Volumen v, so ist die Masse des Mondes $M = \frac{1}{80}$ und sein Volumen $V = \frac{1}{49}$ daher ist seine Dichte

$$D = \frac{1}{80} : \frac{1}{49}$$

oder nahe gleich $\frac{6}{10}$ der Dichtigkeit der Erde. Wenn die Größe und Masse eines Weltkörpers gegeben ist, so kann man, wie sich mathematisch sehr einfach zeigen läßt, die Intensität der Schwere an seiner Oberfläche und den davon abhängenden Fallraum des Körpers auf derselben leicht berechnen. Es findet sich auf diese Weise, daß auf dem Monde ein freifallender Körper in der ersten Secunde einen Raum von 2 Fuß $6\frac{3}{5}$ par. Zoll durchfällt, wäh=rend der Fallraum in der gleichen Zeit an der Erdober=fläche bekanntlich nahe 15 Fuß beträgt.

III.

Die Mondoberfläche zeigt dem bloßen Auge ein seltsames Gemisch von helleren und dunkleren Flecken, aus denen die Phantasie der verschiedenen Völker die merkwürdigsten und sonderbarsten Gestalten gebildet hat. Bei den Indiern glaubte man, daß die Mondflecke durch einen Hasen entstanden seien, der sich im Monde aufhalte, worauf auch der Sanskritname des Mondes sasanka hindeutet. Nicht minder werden die Mondflecke auch in der mongolischen Ueberlieferung mit einem Hasen in Verbindung gebracht. Die Ureinwohner Ceylons, welche ebenfalls die Mondflecke für das Bild eines Hasen halten, lassen diesen durch Bubbha in den Mond versetzt werden, während die Nama = Hottentotten in Südafrika die Mond= flecke davon herleiten, daß ein Hase das Angesicht des Mondes zerkratzt habe. In der jüngern Edda heißt es, daß die Mondflecke zwei wassertragende Kinder seien, welche der Mond (Mani) einst zu sich heraufnahm; noch gegen= wärtig ist diese Meinung im schwedischen Landvolke weit verbreitet. Unter den germanischen Völkern herrscht die

6 *

Vorstellung, die Flecken des Mondes stellten einen Mann
vor, der ein Bündel Holz auf seinem Rücken trägt. Nach
und nach bildete sich hieraus im Volksmunde die weitere
Mythe, der Mann sei in den Mond gekommen, weil er
Holz gestohlen habe; in der Weltbeschreibung des
Prätorius wird sogar der Meinung abergläubischer
Leute gedacht, welche die Mondflecke für den Mann ansehen, der am Sabbathe Holz aufgelesen und deshalb
gesteinigt worden sei. In Italien brachte die Volksan-
schauung die Mondflecke mit dem biblischen Kain in Verbindung. Albert v. Bollstädt sah in den Mondflecken
einen Drachen, auf dessen Rücken sich ein Baumstamm
erhebt, an den ein Mensch anlehnt. Wenn es einem
solchen, wirklich scharfsinnigen und seiner Zeit in vielfacher Beziehung weit vorausgeeilten Manne unmöglich
war, sich zu einer rationellen Anschauung der Natur des
Mondes zu erheben, so braucht man sich nicht zu wundern
über die thörichten Vorstellungen der Volksstämme aller
Zeiten und Erdregionen, die ein großes kosmisches
Phänomen mit menschlichen Vergehungen in kleinliche
Beziehungen brachten.

Von den alten griechischen Philosophen sind so
vielerlei Hypothesen und Axiome aufgestellt worden, daß
es nicht wunderbar erscheinen kann, wenn darunter
auch Aussprüche über den Mond und seine Flecke vorkommen, die zum Theile unseren heutigen Anschauungen
merkwürdig ähnlich sehen. Wenn Agesianax die Behauptung aufstellte, die Mondscheibe reflectire gleich einem
Spiegel die Umrisse der Continente und Meere unserer

eigenen Erde, so fand dies schon Plutarch unzulässig
und hob nachdrücklich hervor, daß man die Mondflecke
für Berge und Thäler ansehen dürfe. Plutarch erwähnt ausdrücklich der Berggipfel und vergleicht sie mit
dem Athos, dessen Schatten zur Zeit der Solstitien die
eherne Kuh auf dem Markte von Myrine auf Lemnos
erreichte. Allein, wie Diogenes Laertius bezeugt,
hat Anaxagoras schon volle sechs Jahrhunderte vor
Plutarch die Lehre vorgetragen, daß auf dem Monde
Berge und Thäler so wie Bewohner existirten, daß er
eine Welt für sich sei. Es ist mir nicht weiter zweifelhaft,
daß solche Behauptungen keineswegs ausschließlich spe-
culativer Natur waren, sondern daß sie wahrscheinlich
unterstützt oder angeregt wurden, durch ein aufmerksames
Beobachten der zu- und abnehmenden Mondphasen unter
dem herrlichen südlichen Himmel. Der Erste, welcher die
Mondberge deutlich erkannte, war Galilei, als er im
Mai 1609 das von ihm erfundene Fernrohr zum ersten
Male auf unsern Trabanten richtete. Der florentinische
Physiker erwähnt schon zu Anfang seiner Mondbeobachtungen gewisser Bergspitzen, die als isolirte, helle
Punkte aus des Mondes Nachtseite emporragen und
deren Höhe er auf etwa eine Meile schätzte. Galilei
beschäftigte sich auch schon mit dem Entwurfe einer
Mondkarte, doch konnte dieselbe nichts als eine rohe Ab-
zeichnung der Conturen der hervorragenderen Flecke liefern,
da es ihm sowohl an einem hinreichend starken Fernrohre
als an geeigneten Messungsapparaten und an mathematischen Formeln zur Reduction sämmtlicher Messungen

auf eine mittlere Lage des Mondes fehlte. Das Gleiche gilt von der Mondkarte, die S ch e i n e r entwarf; erst H e v e l lieferte etwas Besseres, aber auch seine Karte war nur nach dem Augenmaße gezeichnet. Dennoch aber blieb H e v e l's Selenographia seu descriptio lunae et macularum ejusdem, die 1647 erschien, auf mehr als hundert Jahre hinaus das Beste was existirte. Um dieselbe Zeit beschäftigten sich auch P e i r e s c und G a f f e n b i mit Entwerfung einer Mondkarte, allein sie müssen wohl selbst von ihrer Arbeit sehr wenig erbaut gewesen sein, denn die Nachricht, daß H e v e l den nämlichen Gegenstand bearbeite, veranlaßte sie sofort, ihr Unternehmen einzustellen.

R i c c i o l i, der damals viel in der Astronomie herumwirthschaftete, versuchte sich natürlich auch an einer Generalkarte unsers Trabanten; allein dieselbe ist außerordentlich schlecht und beruht außerdem größtentheils auf den unvollkommenen Versuchen G r i m a l d i's. Die Höhenmessungen, welche R i c c i o l i bei einzelnen Mondbergen anstellte, haben gar keinen Werth. So gibt er z. B. dem von ihm sogenannten Mons Catharinae eine Höhe von 42.700 pariser Fuß, was genau 27.300 Fuß zu viel ist. Das Meiste leistete R i c c i o l i in der Benennung der einzelnen Mondflecke und Gebirge. Schon H e v e l hatte denselben Namen beigelegt, welche von irdischen Bergen und Meeren genommen waren, indem er hervorhob, er wolle keine Personen hier verewigen, um sich unter denjenigen, die er etwa überginge, keine Feinde zu machen. R i c c i o l i setzte sich kühn über diese

Bedenken des Danziger Bürgermeisters hinweg, legte zunächst einem der hervorragenderen Mondgebirge seinen eigenen theuren Namen bei und schuf dann für die übrigen eine neue Nomenclatur, indem er an Stelle der irdischen Bergnamen vorwaltend die Namen von Jesuiten= patres, seinen Ordensbrüdern, setzte. Dominicus Cas= sini lieferte die erste Mondkarte, bei welcher die ver= änderliche Libration des Mondes berücksichtigt und wenigstens die Lage einiger Punkte durch Messungen festgelegt war. Eine von Lahire entworfene Mondkarte ist niemals veröffentlicht worden. Die erste genauere, auf wirklich wissenschaftlichen Principien beruhende Mond= karte verdankt man dem Göttinger Astronomen Tobias Mayer; diese Karte, welche sich in seinem Nachlasse befand, ist zwar nicht groß (die Mondscheibe hat einen Durchmesser von 7½ Zoll), aber die angegebenen Lagen der einzelnen Flecke beruhen ohne Ausnahme auf eignen mikrometrischen Bestimmungen des Verfassers. Diese Karte erschien 1775 und blieb über ein halbes Jahr= hundert die einzige Generalkarte des Mondes, die wirk= liche Brauchbarkeit besitzt. Zwar beschäftigten sich gegen Ende des vorigen Jahrhunderts verschiedene Astronomen und darunter berühmte Beobachter, wie M. Herschel und H. Schröter, mit Untersuchungen der Mondscheibe, allein ihre Arbeiten waren keine planmäßigen, sondern mehr oder minder gelegentliche Versuche. Besonders gilt dies von William Herschel's Mondbeobachtungen, die um 1780 begannen. Die mächtigen Telescope dieses größten astronomischen Entdeckers aller Jahrhunderte, haben in ihrer Anwendung auf die Erforschung der Mondoberfläche lange nicht das geleistet, was später weit kleinere aber leicht handliche Refractore lieferten. Dann hat sich auch der ältere Herschel nach kurzer Durchmusterung des Sonnengebietes und der ihm zuge=hörigen Körper, vorzugsweise und mit weit größerer Vorliebe in die Durchforschung des unermeßlichen Oceans der Firsternwelt versenkt. Was Schröter anbelangt, so genoß er lange Zeit hindurch den Ruhm, der beste Kenner der Mondoberfläche zu sein. In der That hat er lange Jahre hindurch erst mit 7=füßigen, dann mit 18= und 27=füßigen Spiegelteleskopen die Mondscheibe durchmustert und zahlreiche Zeichnungen von einzelnen Landschaften derselben geliefert. Allein diese Zeichnungen beruhen nur auf ziemlich wenig genauen Messungen und rücken vorzugsweise die scheinbaren Verhältnisse, den Schattenwurf, das Hervortreten lichter Punkte aus des Mondes Nachtseite, in den Vordergrund, als die eigent=liche Plastik des Terrains, auf deren möglichst genaue Darstellung es hauptsächlich ankommen muß. Schrö=ter's Zeichnungen sind daher recht instructiv, um das Aussehen einzelner Mondlandschaften in großen Teleskopen dem Laien zu veranschaulichen, aber ein zusammen=hängendes und wissenschaftlich brauchbares Bild von der gesammten Oberfläche des Mondes, läßt sich daraus, wie Mädler gefunden, nicht zusammensetzen. Der Erste, der es unternahm, die Mondoberfläche wirklich topo=graphisch aufzunehmen, war der Oberinspector des mathematischen Salons in Dresden, Wilhelm Gott=

helf Lohrmann. Leider ist seine sehr gründliche
Arbeit nicht vollendet worden, im Jahr 1824 erschien
eine Section der großen Mondkarte und 1838 eine
Generalkarte des Mondes. Durch diese Arbeit, deren
Vollendung durch ungünstige äußere Verhältnisse ver=
hindert worden, angeregt, unternahm Johann Heinrich
Mädler im Vereine mit (und auf dem kleinen Privat=
observatorium eines Freundes der Astronomie), Wil=
helm Beer in Berlin, die Herstellung einer neuen
Mondkarte, die, wenn auch nicht so weit ins Detail
gehend, wie jene Lohrmann's, möglichst genau sein und
nur auf eigenen Messungen beruhen sollte. Encke stand
den Unternehmern mit Rath und That zur Seite und
lieferte auch die mathematischen Formeln zur Reduction
der Messungen und Zeichnungen. Die regelmäßigen Be=
obachtungen zur Realisirung des Projectes begannen im
Frühjahre 1830 und waren im August 1836 beendigt.
Die Aufnahmen der einzelnen Mondlandschaften wurden
auf 104 Hauptpunkte gestützt, so wie auf eine große
Anzahl von Punkten zweiter Ordnung, deren Lagen durch
Messungen und Rechnungen genau festgestellt wurden.
Nachdem dies geschehen war, wurden die inzwischen er=
haltenen einzelnen Zeichnungen an ihrem richtigen Orte
nach mittlerer Libration eingetragen und mit der fernern
Detailzeichnung fortgefahren. Im Ganzen wurden im
weitern Verlaufe der Arbeit noch 150 Durchmesser von
Kratern und 1095 Berghöhen gemessen. Die Resultate
dieser ausgedehnten und sorgfältigen Arbeit erschienen
niedergelegt in einer drei pariser Fuß im Durchmesser

haltenden Generalkarte des Mondes und einem Werke: „Der Mond nach seinen kosmischen und individuellen Verhältnissen." Die genannte Karte, deren große Genauig= keit später auch durch photographische Aufnahme der Mondscheibe im klarsten Lichte erschien, geht übrigens nicht zu sehr ins Detail ein, sie enthält nur Gegenstände, welche mit vierfüßigen Fraunhofer'schen Ferngläsern be= quem gesehen werden können. Außerdem hat Mädler gelegentlich noch einige Specialaufnahmen hervorragender Localitäten der Mondoberfläche ausgeführt, unter Be= nutzung der großen (14=füßigen) Refractore von Berlin und Dorpat.

Am eingehendsten hat sich nach Beer und Mäd= ler der gegenwärtige Director der Sternwarte zu Athen, Julius Schmidt, mit der topographischen Aufnahme des Mondes beschäftigt und man darf ihn zweifellos als den besten Kenner der Mondoberfläche bezeichnen. Einen Theil seiner früheren Arbeiten hat Schmidt in dem Werke „Der Mond" niedergelegt, seitdem sind noch einzelne Abhandlungen über gewisse Regionen des Mondes von ihm erschienen, darunter eine sehr wichtige Arbeit über die (später zu besprechenden) Rillen des Mondes. Es ist der Plan dieses unermüd= lichen Astronomen, eine Fortsetzung und Ausdehnung der Lohrmann'schen Untersuchungen zu geben, wodurch eine unverhältnißmäßig größere Menge von Detail der Mondscheibe mappirt wird, als dies in der Mädler'= schen Karte der Fall ist. Die Realisirung dieses Planes erfordert selbstredend einen langen Zeitraum und großen

Muth; nach dem, was bis jetzt von den Aufnahmen
Schmidt's in die Oeffentlichkeit gedrungen ist, darf
man das Höchste erwarten. Selbst die photographischen
Aufnahmen der Mondscheibe, worin besonders von
Rutherfurd und Warren be la Rue Außer-
ordentliches geleistet worden, treten unvergleichlich zurück,
sowohl was Klarheit als Fülle des Details anbelangt,
gegenüber den herrlichen Zeichnungen von einzelnen
Mondlandschaften, die Schmidt geliefert hat. Hoffen
wir, daß es dem thätigen Astronomen vergönnt sein
möge, seine Riesenarbeit glücklich zu vollenden und damit
der Nachwelt ein weiteres Beispiel dessen zu hinterlassen,
was deutscher Fleiß und deutsche Sorgfalt zu schaffen
im Stande sind. In England hat sich seit einigen Jahren
ein besonderes Mond-Comité gebildet, welches eine große
6 Fuß im Durchmesser haltende Karte des Mondes her-
stellen will, auf Grund deren eine zonenweise Untersuchung der ganzen Mondscheibe stattfinden soll. Bis
jetzt ist noch wenig von der Thätigkeit dieses Comité's
in die Oeffentlichkeit gedrungen; es wäre sehr wünschens-
werth, daß die Sache nicht einschliefe, sondern durch-
geführt würde.

Gehen wir nun zur speciellern Betrachtung der
Mondoberfläche über, so finden wir hier beim ersten
Anblicke große, meist zusammenhängende dunkle Flächen
und daneben andere, mehr oder minder helle Gegenden.
Besonders die nordöstlichen Theile der Mondscheibe zeigen
diese großen grauen Flächen, die inselartig von kleineren
hellen Parthien unterbrochen werden. Die ersten Mond-

beobachter, besonders Kepler, hielten jene grauen Flächen
für große Oceane des Mondes und legten ihnen auch
entsprechende Bedeutungen bei. Schon Hevel bezweifelte,
daß man es hier mit Waſſer bedeckten Flächen zu thun
habe, und in der That kann es heute als ausgemacht
gelten, daß die grauen Flächen des Mondes keine Oceane
ſind. Ob ſie in einer früheren Periode der Mondent=
wicklung von Waſſer überfluthet waren, iſt eine Frage,
die ſich der ſichern Beantwortung entzieht; ich halte dies
immerhin für möglich, vielleicht ſogar für ſehr wahr=
ſcheinlich. Denn daß der Mond, der — wie ich hier
beiläufig ſchon bemerken will — gegenwärtig keine für
uns noch wahrnehmbaren Waſſerquantitäten an ſeiner
Oberfläche beherbergt, ſtets eine waſſerloſe Oede geweſen
ſein ſolle, iſt ganz und gar unwahrſcheinlich. Wahrſchein=
lich hat er, im Laufe von Jahrmillionen ſein tropfbares
Waſſer verloren, indem dieſes nach und nach von den
Geſteinsmaſſen chemiſch gebunden wurde; ja, man hat
ein ähnliches Schickſal dereinſt auch unſerer Erde pro=
phezeit. Es iſt freilich noch nicht an der Zeit ſolchen
Hypotheſen entſchieden zuzuſtimmen, ſo wenig als ſie
zu verwerfen, denn ſie erſtrecken ſich auf ein Gebiet —
das der Entwicklungsgeſchichte der Weltkörper — welches
ſich erſt in der jüngſten Zeit von einem Tummelplatze
wilder Hypotheſen, zu einem Arbeitsfelde der wahrhaften
wiſſenſchaftlichen Forſchung erhoben hat.

Im Allgemeinen ſind die dunkeln Flächen der Mond=
ſcheibe als die ebeneren Theile derſelben zu betrachten,
die helleren als die gebirgigen, doch kommen auch Aus=

nahmen vor, wo helle Regionen sehr eben, dunkle sehr bergreich sind. Die allgemeine Form, welche sich mehr oder weniger deutlich bei allen Gebilden auf der Mond= scheibe wieder erkennen läßt, ist die kreisförmige. Sogar die großen grauen Flecke wiederholen sie zum Theile sehr charakteristisch. Wo die kreisförmig umrandete Bodenerhebung eine große, meist ebene Fläche umschließt, bezeichnet man sie als Wallebene; kleinere, mehr kreisförmige Gebilde dieser Art werden Ringgebirge, noch kleinere Krater genannt. Die kleinsten Krater, bei denen sich nur schwierig mit Sicherheit erkennen läßt, ob sie noch eine erhöhte Randumwallung besitzen, pflegt man Gruben zu nennen.

Die Wallebenen sind nicht so zahlreich als die Ring= gebirge, ihr Bau deutet im Einzelnen darauf hin, daß sie älter sind als diese. Einige der alten Wallebenen sind, wie Mädler bemerkt, durch neuere Gebilde bis zur Unkenntlichkeit entstellt, oder man findet sie nur unter besonderen Beleuchtungsverhältnissen als ein Ganzes her= aus. Ein Beispiel hierzu bietet nach dem genannten Astro= nomen die Landschaft Hipparch, in welcher, wenn die Sonne nur erst eine geringe Erhebung hat, der gemein= same Wall deutlich ringsherum zu verfolgen ist und die späteren Gebilde nur wie untergeordnete Nebentheile er= scheinen, wogegen bei höherm Sonnenstande sich alles mehr und mehr aufzulösen und zu vereinzeln scheint. — „Selbst in denjenigen Wallebenen die ihre Integrität noch am besten bewahrt haben, wie Petavius, findet man in und am Walle herum kleinere Krater, Durchbrüche verschie=

dener Form und Größe, besonders aber schmale, lange, furchenartig vertiefte Thalschluchten. Das Innere der Wallebenen ist selten oder nie ganz eben; in schräger Beleuchtung überzeugt man sich, daß Hügelgruppen, breitere Landrücken, schmale aberartige Höhenzüge, kraterartige Vertiefungen oder auch (freilich seltner) blasenartig aufgetriebene Stellen darin vorkommen. Nur muß man die lichten Streifen, welche oft in Menge in solchen Wallebenen, wie in allen anderen Mondgegenden, vorkommen, nicht sofort für Erhöhungen halten, denn in schräger Beleuchtung, wenn die wirklichen Erhöhungen sich durch ihre Schatten unzweifelhaft als solche darthun, sucht man vergebens nach ihnen."

Die Zahl der Ringgebirge ist sehr groß, mittels eines mäßigen Fernrohres erkennt man Hunderte von ihnen. Besonders auf der südlichen Mondhälfte stehen sie dicht gedrängt. Im Innern erhebt sich meist ein Centralberg, bei größeren Ringgebirgen, auch wohl ein System kleiner Berge, die niemals die Höhe der Umwallung erreichen. Ueberhaupt existirt keine deutlich nachweisbare Beziehung zwischen der Höhe des Centralberges und derjenigen der Umwallung. Bei starken Vergrößerungen erscheinen die Wälle der Ringgebirge sehr reich gegliedert, von höheren oder niedrigeren Kuppen besetzt und durch Querthäler und Schluchten unterbrochen; andere Stellen zeigen Unregelmäßigkeiten, die auf eine spätere, theilweise Zertrümmerung schließen lassen. Die allgemeine Form der Ringgebirge erleidet bei einigen dieser Gebilde insofern Abweichungen, als ein Theil der Umwallung fehlt und die Landschaft nur an einigen Seiten geschlossen ist. Manche dieser Gestaltungen erinnern in ihrer allgemeinen, Form an Meerbusen, die ins Land einschneiden und es ist merkwürdig, daß jene Gebilde ihre offene Seite immer oder fast immer einer grauen Fläche, einem mare zukehren. Ein merkwürdiges Ringgebirge, das den Namen Vitellio trägt, besitzt nach Schmidt neben der großen äußern Umwallung noch eine kleinere um den Centralberg. Bei vielen Ringgebirgen liegt der innere Boden noch beträchtlich höher als die äußere, flache Umgebung, so beim Ringgebirge Mersenius 3000 Fuß höher als das benachbarte mare humorum. In anderen Fällen findet das Umgekehrte statt, so beim Ringgebirge Aristarch, dessen Kraterboden nach Mädler 4600 Fuß unter dem Niveau der umgebenden Ebene liegt. Die Größen der Ringgebirge sind natürlich sehr verschieden, ebenso die Wallhöhen. So hat z. B. das Ringgebirge Clavius einen Durchmesser von 31 geogr. Meilen und Berghöhen von 16.000 Fuß. Das merkwürdige Ringgebirge Tycho, welches im Vollmonde als heller Fleck glänzt und von dem helle Streifen nach allen Richtungen hin auslaufen, hat 12 Meilen Durchmesser und Berge bis zu 18000 Fuß Höhe. Die höchste Erhebung über die umliegende Gegend zeigt eine von Schmidt gemessene Bergkuppe auf dem Nordostwalle des Ringgebirges Curtius, die eine Höhe von 27.200 Fuß erreicht. In der Nähe des Südpoles vom Monde gibt es nach demselben Astronomen einen Berg von 26.600 Fuß Höhe. Alle diese Höhen beziehen sich stets auf die nächste Umgebung, denn, da es auf

dem Monde kein Wasser gibt, so fehlt es auch an einer
allgemeinen Niveaulinie, auf welche man alle Höhen=
angaben beziehen könnte, wie das bei uns mit der Meeres=
fläche der Fall ist.

Um die Höhe eines Mondberges zu messen, kann
man sich mehrerer Methoden bedienen; Galilei und
Hevel bedienten sich des Verfahrens der sogenannten
Lichttangenten, wovon Folgendes eine Vorstellung gibt.

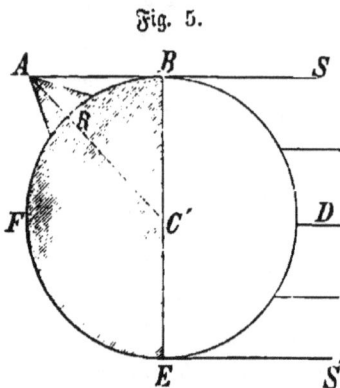

Es sei (Fig. 5) B C D E
der zur Hälfte erleuch=
teten Mond, und S A S E
bezeichne die Richtung
der auf den Mond tref=
fenden Sonnenstrahlen.
Stellt nun R A einen,
der Deutlichkeit halber
übertrieben groß gezeich=
neten, Berg in des Mon=
des Nachtseite vor, so

Fig. 5.

ragt derselbe mit seiner Spitze bis in den Bereich der
Sonnenstrahlen empor und sein Gipfel A erscheint als
heller Punkt in der Nachtseite des Mondes. Hat man aber
die gerade Entfernung A B, des Berges von der Licht=
gränze mittels des Mirometers gemessen und kennt man
gleichzeitig den scheinbaren Durchmesser des Mondes zur
Zeit der Beobachtung, so ist es sehr leicht mit Hilfe der
Anfangsgründe der Geometrie oder aus einer Zeichnung
die Höhe R A des Berges zu bestimmen. Man kennt näm=
lich in dem bei B rechtwinkeligen Dreiecke A B C' die beiden

Seiten A B und B C und kann daraus auf verschie=
dene Weise die Größe der dritten Seite A C berechnen.
Zieht man nun von A C' die Größe R A des Mondhalb=
messers ab, so erhält man R A oder die Berghöhe. Diese
Methode ist auch von Herschel und Schröter zu
Höhenmessungen der Mondberge vielfach benutzt worden;
sie ist indeß weniger leicht anwendbar und gibt auch
minder genaue Resultate als eine andere Methode, der
sich Mädler und Schmidt vorzugsweise bedienten,
nämlich jener der Schattenlängen. Es ist bekannt,
daß man aus der Länge des Schattens, den ein Gegen=
stand, z. B. ein Thurm, hinter sich wirft, seine Höhe be=
rechnen kann, wenn die Winkelhöhe der Sonne im Augen=
blicke der Beobachtung gegeben ist.

Fig. 6.

Ist (Fig. 6) a b ein Thurm, dessen
Höhe bestimmt werden soll, und a c
sein Schatten, dessen Länge man ge=
messen hat, so ist, wenn man die
Höhe der Sonne über dem Horizonte kennt, in dem
rechtwinkeligen Dreiecke b c a, die Länge der Seite a c
gegeben und außerdem kennt man die Winkel b a c
(als Rechter) und b c a = der Sonnenhöhe. Man kann
nun ohne Schwierigkeit die Höhe b a des Kirchthurms
finden, denn sie ist gleich c a multiplicirt mit der trigo=
nometrischen Tangente des Winkels b c a. Genau dasselbe
Verfahren wendet man auch bei Berechnung der Höhen
der Mondberge an. Man könnte nun fragen, wie man
aber für diese Berge zur Kenntniß der Höhe der Sonne
über dem dortigen Horizonte gelangt, da doch Niemand

diese Winkelhöhe direct messen kann. Diese Sonnenhöhe läßt sich indeß sehr leicht berechnen, wenn man den Abstand des betreffenden Punktes von der Lichtgränze mißt.

Jedem, der den Mond durch ein wenn auch schwaches Fernglas betrachtet, drängt sich sofort die Ansicht auf, daß der gegenwärtige Zustand seiner Oberfläche auf vulcanische Thätigkeit hinweist, die in einer Großartigkeit dort gewirkt haben muß, zu der wir auf unserm Planeten kein Analogon besitzen. Die große Menge der Ringgebirge, noch mehr aber die geradezu zahllosen Krater und Gruben beweisen bis zur Evidenz, daß in der That sublunare Gewalten die Gestalt der Mondoberfläche so geformt haben wie wir sie erblicken. Sind diese Kräfte heute noch dort thätig, oder sind sie längst erloschen? Diese Frage drängt sich zunächst dem denkenden Geiste auf. Natürlich kann sie nur durch die directe Beobachtung ihre ausreichende Beantwortung finden, und wir wollen daher zusehen, ob in der That im Laufe derjenigen Zeit, während welcher der Mond mittels großer Fernrohre untersucht worden ist, Veränderungen auf seiner Oberfläche constatirt werden konnten. Hevel, der den Mond eifrig und lange Zeit hindurch beobachtete, sprach die Meinung aus, Aristarch sei ein noch thätiger Vulcan. Er wurde zu dieser Meinung veranlaßt durch den großen Glanz, welchen dieses Ringgebirge selbst in des Mondes Nachtseite zeigt. Lahire bemerkte dagegen, daß sich dieser Fleck, wenn er sich im Schattenrande befindet, von anderen durch Nichts unterscheide. Die neueren Untersuchungen von Schmidt machen es dagegen wahrscheinlich, daß doch in der Um=

gebung des Aristarch gelegentlich Veränderungen der
Mondoberfläche vorkommen. Wenigstens sah der genannte
Astronom am 10. Mai 1862 westlich neben Aristarch
gegen 15 Rillen und eine Gruppe aneinandergedrängter
Krater, von denen viele durchaus nicht zu den nur sehr
schwierig erkennbaren Gegenständen gehören und die er
doch weder selbst früher am Berliner Refractor noch auch
Mädler gesehen, obgleich sie, falls vorhanden, kaum
hätten entgehen können. „Wie dem auch sein möge," sagt
Schmidt, „die Umgegend des Aristarch verdient häufige
und sorgsame Untersuchung und wenn auch keine Neu-
bildungen sollten stattgefunden haben, so sind partielle und
langdauernde Bedeckungen möglich, auch wenn der Mond
keine Atmosphäre hat."

In den Memoiren der alten Pariser Akademie berichtet Louville daß er am 3. Mai 1715 (bei Gelegenheit einer totalen Sonnenfinsterniß) auf der Oberfläche des Mondes intermittirende Blitze wahrgenommen
habe; er war der Ansicht, es habe daselbst ein Gewitter
stattgefunden. Ich glaube, daß Niemand anstehen wird,
diese Meinung für unrichtig zu erklären, wenn er hört,
daß die Louville'schen Blitze über einen so beträchtlichen
Theil der Mondscheibe zuckten, daß man nach Analogie
irdischer Verhältnisse an Blitze denken müßte, die sich
etwa von Hamburg nach Triest oder von London nach
Petersburg erstreckten. Solche Gewitter-Entladungen kann
man wohl schwerlich auf dem Monde annehmen und um
so weniger als man sonst niemals etwas Aehnliches
bemerkt hat. Wahrscheinlich waren die Blitze welche

7 *

Louville auf der Mondscheibe zu erkennen glaubte, nichts anderes, als Lichterscheinungen in unserer eigenen Atmosphäre. Das Gleiche gilt von dem Lichtpunkte den Don Ulloa bei Gelegenheit der Sonnenfinsterniß des Jahres 1778 auf der dunklen Mondscheibe sah und den man damals für ein gewaltiges, den ganzen Mond durchsetzendes Loch erklärte.

Am 25. Juli 1774 nach Mitternacht sah C. G. Eysenhardt während zweier Stunden mit drei verschiedenen Spiegelteleskopen im mare crisium ein merkwürdiges Unduliren der Lichtgränze des Mondes. Der Beobachter bemerkt, er habe den Eindruck empfangen, als wenn ein helles Fluidum in den dunkeln Theil des Mondes hinein- und wieder zurückgeflossen sei. Wahrscheinlich ist die ganze Erscheinung einem besondern Zustande eines Theiles unserer Atmosphäre zuzuschreiben und hängt zusammen mit dem Wallen der Ränder, welches sehr häufig die, eine Scheibe darstellenden Himmelskörper im Fernrohre zeigen.

Im Jahre 1788 am 27. August, fand Schröter einen Krater in der Nähe der Wallebene Hevelius, von dem er fest überzeugt war, daß sich derselbe früher nicht dort befunden habe. Im mare crisium erblickte derselbe Beobachter einen Berg mit einem Krater von ¾ Meile Durchmesser während eines Monats zu verschiedenen Zeiten, ohne daß es ihm später jemals gelang, den Krater wiederzusehen. Die Entstehung eines andern Kraters von 1¼ Meile Durchmesser will Schröter südwestlich von dem Ringgebirge Plato, nach vorausgegangener heller Lichterscheinung wahrgenommen haben. Villeneuve und Rouet sahen im Jahre 1787 bei dem Flecken Heraclides, in der Nachtseite des Mondes einen lichten Punkt während 6 Minuten abwechselnd an Helligkeit zu= und wieder abnehmen. Aehnliches behauptet auch Piazzi zu verschiedenen Zeiten wahrgenommen zu haben.

Am 15. October 1789 sah Schröter im mare imbrium mehrere Lichtfunken von schneller Bewegung. Es ist sehr wahrscheinlich, daß diese Erscheinung in unserer Atmosphäre stattfand und sich nur optisch auf der Mond= scheibe projicirte.

Am 17. März 1794 sahen William Wilkins und Thomas Stretton ein Licht im dunkeln Theile der Mondscheibe. Der Beschreibung zufolge war es vielleicht das Ringgebirge Aristarch.

Im April 1787 kündigte Herschel in der Kgl. Gesellschaft zu London an, daß er am 19. desselben Monats drei feuerspeiende Berge auf dem Monde in voller Thätigkeit gesehen habe. Aehnliches wurde von demselben Beobachter schon am 4. Mai 1783 bemerkt. Zuletzt sah er am 22. October 1790 auf der Scheibe des total verfinsterten Mondes 150 rothe, leuchtende Punkte. Herschel scheint anfänglich geglaubt zu haben, daß die von ihm wahrgenommenen hellen Punkte in Eruption begriffene Vulcane seien, später ist er allerdings davon zurückgekommen und spricht nur von „Mondvul= canen", weil die Sache doch einen Namen haben müsse.

Es ist wahrscheinlich, daß die Herschel'schen Mondvulcane mit den Mondflecken identisch sind, die sich auch im Voll=
monde durch ein sehr intensives Licht auszeichnen, ihre starke Reflexionsfähigkeit bewirkt, daß sie auch dann, wenn nur der schwache Schein des zurückgeworfenen Erd=
lichtes auf sie fällt, in merklichem Grade neben ihrer Umgebung hervortreten.

Am 27. December 1857 sah Hart in Glasgow mit einem zehnzölligen Reflector auf dem hellen Theile der Mondscheibe zwei leuchtende Punkte von flammen=
gelber Farbe an jeder Seite eines Bergkammes. Die Er=
scheinung dauerte fünf Stunden hindurch und der Be=
obachter hält sie entschieden für vulcanisch.

Die sämmtlichen bis jetzt mitgetheilten Wahr=
nehmungen sind nicht geeignet, die Frage, ob mit der Mondoberfläche noch gegenwärtig Veränderungen vor sich gehen, zu bejahen; man muß auf Grund derselben viel=
mehr dahin entscheiden, daß solche in der angegebenen Zeit in für uns noch wahrnehmbarem Maße nicht statt=
gefunden haben. Letzterer Punkt ist freilich sehr zu be=
achten, denn es können immerhin auf dem Monde vul=
canische Ausbrüche ähnlich denen des Vesuv vorkommen, ohne daß wir sie wahrzunehmen im Stande sind. Der Krater des Vesuv z. B. würde selbst in unseren besten Fernrohren vom Monde aus nicht mehr erkannt werden können, denn sein scheinbarer Durchmesser würde dann unter einem Winkel von nur $0''.07$ erscheinen. Die größten Naturereignisse auf unserer Erde, die in die historische Epoche fallen, die Aufschüttung des Jorullo in

Mexiko, die vulcanischen Eruptionen bei Santorin, die Entstehungen gewisser kleiner, vulcanischer Inseln, würden sicher einem Beobachter auf dem Monde entgangen sein, wenn er die nämlichen Hilfsmittel besessen hätte, die in den betreffenden Epochen unseren Astronomen zu Gebote standen. Ist es aber wahrscheinlich, daß in dem kurzen Zeitraume von wenigen Decennien, während deren wir genauere Karten des Mondes besitzen, Naturereignisse anzunehmen sind, neben welchen die größten vulcanischen Phänomene unserer Erde, sehr unbedeutend erscheinen? Wenn man auch berücksichtigt, daß die Schwere auf dem Monde eine geringere ist als auf unserer Erde, daß also dort die nämlichen vulcanischen Kräfte größere Actionen voll= bringen müssen, als bei uns, so scheint dennoch die ge= nannte Wahrscheinlichkeit nur gering zu sein. Nichts desto weniger ist es dem unermüdlichen Mondbeobachter Schmidt in Athen im October 1866 gelungen, zu con= statiren, daß der Mondkrater Linné eine Veränderung erlitten habe. Während derselbe nämlich in den Jahren 1822 bis 1832 ein 5000 Toisen breiter und sehr tiefer Krater war und als solcher deutlich erschien, wenn er der Phase nahe, mehr oder weniger deutlich beschattet sein mußte, war nach den Beobachtungen von Schmidt seit dem 16. October 1866 die Kratergestalt des Linné zur Zeit schräger Beleuchtung durchaus nicht mehr wahr= zunehmen. Nur unter besonders günstigen Umständen konnte Schmidt bisweilen einen feinen schwarzen Punkt von 300 Toisen Durchmesser erkennen. Meist erschien Linné selbst bei günstiger Beleuchtung als Lichtfleck. Die

Erscheinung erklärt sich, wenn man annimmt, daß Erup-
tionsproducte über den Rand des Kraters ausflossen und
den Abhang mit allmählicher Neigung ausfüllten. Die
Verbreitung der über den Rand abgeflossenen hellen Masse
in der dunkelen Ebene, gibt Anlaß zur Entstehung von
breiten, kragenartigen, einem Halo ähnlichen, Gebilden
wie solche auf dem Monde, besonders in den dunkelen
Ebenen, sehr häufig sind. Nach den neuesten Untersuchungen
haben die Veränderungen beim Linné einen vorläufigen
Abschluß damit gefunden, daß der Berg wieder einen
großen, mehrere Tausend Toisen breiten Krater zeigt.
Auch in einer andern Region des Mondes hat S ch m i d t
das Verschwinden eines, in Mädler's Karte vorkommenden,
eine Meile breiten Kraters signalisirt; an Stelle desselben
befindet sich ein mehr als zwei Meilen breiter Lichtfleck.
Diese hellen Lichtflecke erinnern in mehr als einer Be=
ziehung an die lichten Strahlen, welche besonders zur
Zeit des Vollmondes, von vielen Ringgebirgen. auslaufen.
Besonders das Ringgebirge Tycho zeigt ein außerordentlich
großes Strahlensystem, welches bei günstiger Libration
den vierten Theil der Mondscheibe bedeckt. Die Breite
dieser lichten Streifen ist verschieden, sie erreicht bisweilen
4 Meilen; ohne Unterbrechung ziehen sie über Berg und
Thal hinweg, ein Beweis, daß sie vor diesen existirten.
Am deutlichsten sind die Strahlensysteme zur Zeit des
Vollmondes wahrzunehmen, aber bei schräger Beleuchtung,
wo die Erhöhungen sich durch ihre Schatten verrathen,
verschwinden sie. Man hat es also hier nicht mit Berg=
zügen zu thun, sondern höchstens nur mit Erhebungen,

beren Höhe im Vergleiche zu ihrer Breite sehr gering ist
und die uns einen wahrnehmbaren Schatten nicht mehr
zeigen. Am naheliegendsten ist es unstreitig, bei diesen
strahlenförmigen Ausläufern an Lavamassen zu denken,
die das betreffende Ringgebirge vor Zeiten aussandte,
aber es dürfte doch Schwierigkeiten haben, bandartige
Lavaergüsse bis auf so weite Entfernungen hin anzunehmen,
als dies z. B. das Ringgebirge Tycho zeigt. Mädler
glaubt, daß bei Bildung der Mondoberfläche erhitzte
Gasströme unter dem Boden fortstrichen und seine
Reflexionsfähigkeit veränderten. Nach einer derartigen
Umwandlung behielt er natürlich die angenommene
Structur auch bei allen späteren Umwälzungen.

Finden wir schon bei den Strahlen der Vollmondscheibe
große Schwierigkeiten der Erklärung nach Analogie irdi=
scher Verhältnisse, so ist dies noch in ungleich höherm
Grade der Fall für eine andere Erscheinung, welche
gewisse Mondlandschaften in genügend kräftigen Fern=
gläsern darbieten; ich meine die sogenannten Rillen.
Es sind dies schmale, meist geradlinige Vertiefungen,
die sich meilenweit erstrecken und deren Anfangs= und
Endpunkte durch Nichts ausgezeichnet sind. Ihre Breite
ist nicht bedeutend, sie überschreitet wohl niemals 1000
Toisen, meist ist sie viel geringer. Eine Abhängigkeit
der Breite von der Längenentwickelung, ähnlich wie bei
unseren Flußbetten existirt nicht; Anfang, Mitte und
Ende der Rillen ist meist gleich breit. Einzelne Rillen
zeigen sich in gewissen Theilen kraterartig erweitert, man
erblickt eine Reihe kleiner Krater, deren Wälle Deffnungen

aus einer Tiefe in die andere freilaſſen. Bei der bequem
ſichtbaren Rille in der Nähe des Hyginus hat Mädler
ſehr intereſſante Beobachtungen gemacht. Dieſelbe iſt an
ihrem nordöſtlichen Ende ein ziemlich flaches, 1200
Toiſen breites Thal, bald aber wird ſie beträchtlich
enger und ſchroffer. Zunächſt trifft ſie auf vier Krater,
deren zweiter gegen 1500 Toiſen, die anderen nur un=
gefähr 1000 Toiſen im Durchmeſſer haben. Der nächſte
und größte Krater auf den ſie trifft iſt Hyginus ſelbſt.
Bei ſehr günſtiger Luft, zu einer Zeit, als das Innere
des Hyginus ganz im Schatten lag, beobachtete Mädler
im Hyginus zwei feine aber glänzende Lichtlinien, deren
Lage genau die Fortſetzung der außerhalb des Krater=
walles ſichtbaren Rille bezeichnete. Der Wall des Hygi=
nus war da wo die Rille auf ihn trifft, nordöſtlich und
weſtlich von einem ſehr ſchmalen, völlig ſchwarzen Schatten
unterbrochen. Folglich hat die Rille den Wall des Hygi=
nus geſprengt und zieht durch ſein Inneres mit erhöhten
Rändern fort. Sie iſt alſo jüngern Urſprungs als der
Krater. Weiterhin trifft ſie noch auf fünf andere kleine
Krater, in deren Nähe auch die bis dahin freie Ebene
durch einige an den Rand der Rille tretende Hügel unter=
brochen wird. Am Südrande dieſes Theiles zeigen ſich
einige dunkle und ein großer, grünlich ſchimmernder Fleck.
Die Rille endigt ziemlich wie ſie begann und ein flacher,
in ihrer Richtung fortſtreichender Hügel ſetzt ihr die
Grenze. Ihre Breite iſt 7—800 Toiſen und ihre Länge
beträgt 27 1/5 Meilen. Eine andere merkwürdige Rille iſt
die bei Herodot. Im Vollmonde glänzt ſie als helle Linie

und ist überhaupt in den meisten Beleuchtungswinkeln wenigstens in einzelnen Theilen leicht zu erkennen. Mäd=ler gibt von ihr die folgende speciellere Beschreibung. Sie beginnt nahe bei einem Berge des Herobot in hügeliger Gegend und hängt wahrscheinlich mit einer kleinen, das Hügelland an dieser Stelle durchschneidenden Schlucht zusammen. Im ersten Viertel ihres Zuges ist sie schmal und wenig vertieft, bildet darauf zwei scharfe Winkel und ändert ihre Richtung völlig; sie wird breiter, schroffer, tiefer und man kann hier schon den Schatten wahrneh= men, der von den Wänden in die Tiefe fällt. Bei einem Berge des Aristarch, der sich in ansehnlicher Steilheit über die östliche Ebene erhebt, wendet sie abermals und zieht nun mit geringer Schlängelung, ihrer anfänglichen Rich= tung gerade entgegengesetzt, 1800 bis 2000 Toisen breit, fort. 2½ Meilen vor dem Endpunkte erblickt man mit großer Mühe auf dem Grunde der Rille einen kleinen Krater. Der westliche Rand liegt hier 703 Toisen über der jenseitigen Fläche. Kurz vor der Beendigung im Becken des Herobot verengt sie sich wieder und es ist schwierig, sie bis hierhin zu verfolgen. Diese beiden Schil= derungen dürften zur allgemeinen Charakterisirung der Mondrillen genügen. Die Zahl der bekannten Gebilde dieser Art beläuft sich auf 425, von denen die meisten in den Jahren 1842 bis 1865 durch Schmidt auf= gefunden wurden. Die erste Rille entdeckte Schröter am 5. December 1788, es ist die bei Hyginus und sie ist leicht zu sehen. Im Allgemeinen kommen Rillen überall auf der Mondscheibe vor, mit Ausnahme der Hochgebirge,

wo sie wahrscheinlich ganz fehlen. Nach dem Mitgetheilten
ist sofort klar, daß man in den Rillen keine unseren Fluß=
betten vergleichbaren Gebilde vor sich hat; auch die bis=
weilen geäußerte Ansicht, es möchten Kunstproducte von
Mondbewohnern sein, erweist sich bei strengerer Prüfung
als unhaltbar. Ueberhaupt existirt bis jetzt keine annehm=
bare Erklärung der Mondrillen. Was mich anbelangt, so
würde ich noch am ehesten glauben, daß wir in den
Rillen einfache Risse der Mondoberfläche vor uns haben,
die in Folge der Zusammenziehung der oberen Schichten
entstanden sind. In sehr viel kleineren Verhältnissen sehen
wir Aehnliches in der trockenen Jahreszeit auf der Erde,
wenn der Boden infolge der Dürre auseinanderklafft.
Solche Bodenspaltungen werden auf der Erde auch durch
Erdbeben veranlaßt und es ist klar, daß auf dem Monde
verticale Bodenstöße leicht ähnliche Erscheinungen in
größerm Maße hervorbringen dürften. Ob noch gegen=
wärtig neue Rillen auf dem Monde entstehen, ist eine
Frage, die sich zur Zeit der Discussion entzieht. Die große
Zahl der von Schmidt neu entdeckten Gebilde dieser
Art, ist an und für sich durchaus nicht dadurch zu er=
klären, daß dieselben zur Zeit der Beobachtungen von
Schröter, Lohrmann, Beer und Mädler noch
nicht existirten; denn diese neu aufgefundenen Rillen sind
überhaupt schwierig zu sehen, und es gehören günstige
Licht= und Beleuchtungsverhältnisse dazu, um sie mittels
kraftvoller Ferngläser wahrzunehmen.

So lange der Mond beobachtet worden ist, hat man
niemals Verdunklungen einzelner Theile seiner Ober=

fläche wahrgenommen, die man etwa auf Trübungen
oder Wolkenbildungen in seiner Atmosphäre beziehen
könnte. Wasser und Wasserdampf fehlen dem Monde
gänzlich; auch eine Lufthülle besitzt er nicht, die sich für
uns in irgend einer Weise bemerklich machte. Schon im
Jahre 1748 hat der Göttinger Astronom Tobias
Mayer auf sehr sinnreiche Weise dieses Fehlen einer
Mondatmosphäre nachgewiesen. Es ist eine physikalisch
sichere Thatsache, daß jedes Gas im Allgemeinen den
hindurchgehenden Lichtstrahl von der geraden Linie ab=
lenkt, die Strahlen bricht. In unserer Atmosphäre entsteht
in Folge der Strahlenbrechung oder Refraction die Er=
scheinung, daß die Sonne noch über dem Horizonte zu
stehen scheint, wenn sie in Wirklichkeit schon einige Zeit
unter denselben hinab gesunken ist. Die Strahlenbrechung
beschleunigt den Sonnenaufgang und verzögert den Sonnen=
untergang, die Unsichtbarkeit der Sonne (bei ihrem Ver=
weilen unter dem Horizonte) wird durch die Refraction
der Atmosphäre abgekürzt. Ganz dasselbe muß beim
Monde stattfinden, wenn derselbe eine Atmosphäre besitzt.
Denken wir uns, der Mond bewege sich auf seiner
Bahn am Himmelsgewölbe über einen Firstern hinweg,
so daß der Mittelpunkt der Mondscheibe über den Punkt
geht, wo der Stern am Himmelsgewölbe steht. Es findet
in diesem Falle eine sogenannte centrale Bedeckung
des betreffenden Sternes statt. Man sieht nun leicht ein,
daß die Dauer dieser Bedeckung genau so viele Zeit=
secunden betragen muß, als der Mond nöthig hat, um
einen Bogen am Himmel zurückzulegen, der seinem Durch=

messer an Größe gleich ist. Dies gilt aber nur, wenn
den Mond keine Atmosphäre umgibt. Denn wäre
letzteres der Fall, so müßte in Folge der Strahlen=
brechung der Stern uns noch sichtbar sein, wenn er
wirklich schon hinter der Mondscheibe stände, die Dauer
der Bedeckung würde also abgekürzt. Berechnet man
nun diese Zeitdauer o h n e Berücksichtigung einer Refrac=
tion am Mondrande, und vergleicht das Resultat der
Rechnung mit den Ergebnissen der Beobachtung, so muß
sich herausstellen, ob eine Refraction am Mondrande
existirt, ob also der Mond eine Lufthülle besitzt oder nicht.
Diesen Weg schlug zuerst T o b i a s M a y e r ein und
fand zwischen Rechnung und Beobachtung vollständige
Uebereinstimmung; es zeigte sich keine Refraction am
Mondrande. Später hat B e s s e l denselben Gegenstand
auf dem gleichen Wege untersucht und das Resultat
M a y e r's bestätigt gefunden. Nach B e s s e l würde die
höchste mögliche D i c h t e einer angenommenen Mondluft
nur $\frac{1}{968}$ von derjenigen unserer Atmosphäre betragen
können. Einen in die Augen fallenden Beweis gegen das
Vorhandensein einer Mondatmosphäre, welche der unserigen
an Dichte vergleichbar ist, bietet die tiefe Schwärze der
Bergschatten auf dem Monde. Dergleichen ist in einer
lichtreflectirenden und zerstreuenden Atmosphäre nicht mög=
lich. Wir können also höchstens annehmen, daß der Mond
eine sehr wenig dichte Lufthülle besitzt, die aber ihrer
geringen Dichte wegen in großen Höhen über der Ober=
fläche sich durch Refractionserscheinungen für uns nicht
mehr bemerklich macht. Damit erledigt sich die Frage,

ob es auf dem Monde Menschen ähnliche Bewohner gebe,
von selbst. Denn, wo keine Luft und kein Wasser vor=
handen ist, können Menschen nicht existiren, jene beiden
Agentien sind die ersten und nothwendigsten Bedingungen
menschlicher Existenz. Hiermit soll übrigens in keiner Weise
behauptet werden, daß nicht auch auf dem Monde, wenigstens
in einer gewissen Periode seiner Existenz, denkende Wesen
existirten; denn es ist eine ebenso unrichtige als alte und
weit verbreitete Ansicht, unsere Erde allein im unermeß=
lichen Raume mit vernünftigen Wesen bevölkert zu
denken. Vom Standpunkte der logischen Ideenverbindung
aus muß man annehmen, daß auch auf anderen Gestir=
nen denkende Wesen ihre Blicke nach dem sternbesäcten
Himmel emporrichten. Eine andere Frage ist freilich die,
ob es uns möglich ist, von der Erde aus Spuren etwaiger
Mondbewohner wahrzunehmen.

Ich will hier gleich bemerken, daß dies bis jetzt
noch nicht der Fall gewesen ist, und auch für die nächste
Zeit alle Wahrscheinlichkeit dagegen spricht. Der Grund
hiervon ist in den Zuständen unserer Atmosphäre und
der geringen Helligkeit der Mondlandschaften zu suchen.
Wenn man mit einem größeren Fernrohre den Mond
beobachtet und eine 200= oder 300malige Vergrößerung
anwendet, so bemerkt man je nach den Luftzuständen,
ganz abgesehen von den Wallungen des Mondbrandes,
häufig ein Verwaschenwerden der Bilder, das mehrere
Secunden hindurch jede feinere Wahrnehmung behindert.
Geht man zu beträchtlicheren Vergrößerungen über, so
vermehren sich diese Störungen der „schlechten Luft“ in

so bedeutendem Maße, daß es viele Nächte im Jahre
gibt, während deren eine 400= oder 500fache Ver=
größerung absolut nicht anwendbar ist. Hauptsächlich sind
es die tieferen Schichten der Atmosphäre, welche in dieser
Weise die Beobachtungen sehr behindern. Um sich von
solchen Uebelständen frei zu machen, ist es nöthig, Ob=
servatorien auf sehr hohen Bergen einzurichten. Die
astronomische Expedition, welche Piazzi=Smith nach
Teneriffa unternommen, hat in der That gezeigt, daß
in sehr großen Höhen über dem Erdboden die Luft
eine Ruhe und Klarheit besitzt, welche die feinsten
astronomischen Beobachtungen gestattet. Der 7½zöllige
Refractor des genannten Beobachters zeigte in jener Höhe
Sterne von der 15. bis 16. Größe, welche in den Ebenen
Englands nur von den kraftvollsten Herschel'schen Spiegel=
teleskopen eben erreicht wurden; ebenso erschienen in jenen er=
habenen Regionen die feinsten und schwierigsten Doppelsterne
ohne alle Ausnahme deutlich getrennt. Wenn es uns sonach
möglich ist, die störende Einwirkung unserer dunsterfüllten
Lufthülle bei den Mondbeobachtungen zum überwiegend größ=
ten Theile zu eliminiren, so gelingt es dagegen, der Natur
der Sache nach, nicht, die Schwierigkeit zu beseitigen, welche
aus der Verminderung der Helligkeit bei zunehmender
Vergrößerung entspringt. Es ist klar, daß kein Fernrohr
die Helligkeit eines erleuchteten Objectes vermehren kann,
im Gegentheile nimmt diese im quadratischen Verhältnisse
der Vergrößerung ab, weil sich eben das Licht über eine
größere Fläche vertheilt. Hiernach ist leicht zu ermessen,
welchen Verlust an Helligkeit eine Mondlandschaft erleidet,

wenn man sie in einem großen Fernrohre untersucht und
die Vergrößerung von 100 bis auf etwa 500 steigert.
Aus diesen Gründen wissen wir über das minder in die
Augen fallende Detail der Mondoberfläche noch immer
sehr wenig. Aus einigen beiläufigen Beobachtungen mit
dem Riesenteleskope Lord Rosse's hat sich ergeben,
daß in diesem bewundernswürdigen Instrumente noch
Gegenstände auf der Mondoberfläche deutlich erkannt wer=
den können, die etwa 250 Fuß Ausdehnung besitzen. Ein
Gebäude wie der Kölner Dom oder die Peterskirche in
Rom wäre also von der Erde aus zu erkennen, ebenso
würden wir uns schon einigermaßen eine Vorstellung von
der allgemeinen Einrichtung einer Stadt wie Berlin,
Paris, London machen können, wenn sie sich auf dem
Monde befände. Aber alles dies doch nur im Verlaufe
eines längern Studiums, keineswegs auf den ersten Blick.
Bis jetzt hat sich auch nicht entfernt etwas unseren großen
Städten Vergleichbares auf dem Monde gezeigt und wir
haben sehr gute Gründe anzunehmen, daß etwas Ana=
loges überhaupt auf der Mondoberfläche nicht existirt.

IV.

Wir wenden uns nunmehr zur Untersuchung der Einflüsse, welche der Mond als Weltkörper auf unsere Erde ausübt. Es ist bekannt, daß der Mond die Ursache von Ebbe und Fluth unserer Oceane ist, daß in Folge seiner Anziehung auf die einzelnen, ungleich weit von ihm entfernten Theile des Meeres, die Wasser periodisch anschwellen und wieder zurückfluthen. Die Frage, ob durch die gleiche Wirkung des Mondes nicht auch eine Ebbe und Fluth in der Atmosphäre unserer Erde entstehe, ist theoretisch längst mit Ja beantwortet; aber der Nachweis derselben in den Beobachtungen stieß auf größere Schwierigkeiten als man voraussehen konnte. Laplace hat 4752 zu Paris angestellte Barometerbeobachtungen mit Rücksicht auf die Mondfluth untersucht und gefunden, daß letztere nur 0·0556^{mm} betrage, also praktisch ganz verschwindend sei. Zu einem ähnlichen Resultate gelangte Bouvard als er 8940 Beobachtungen untersuchte; er fand die Größe der atmosphärischen Mondfluth zu 0·01763 Millimeter. Zu einem nahe gleichen (negativen) Ergeb=

niſſe kam auch Eiſenlohr. Inzwiſchen hat Sabine aus den Beobachtungen auf dem Obſervatorium der Inſel St. Helena, alſo aus einer Region des Erdballes, in wel= cher die meteorologiſchen Erſcheinungen ſämmtlich in einer größern Regelmäßigkeit auftreten und dadurch die Er= kenntniß geſetzmäßiger Zuſtände weſentlich erleichtern, Reſultate abgeleitet, welche einen deutlichen Einfluß des Mondes auf den Luftdruck zeigen. Hiernach hat man fol= gende Tabelle:

Zeit bis zum Meridiandurch-gange des Mondes:	Einfluß auf den Luftdruck in Pariſer Linien:
0 Stunden	0·041
1 „	0·039
2 „	0·032
3 „	0·018
4 „	0·014
5 „	0·004
6 „	0·000

Im Mittel aus den ſtündlichen Beobachtungen, welche in den Jahren 1866—68 zu Batavia angeſtellt worden, fand Bergsma eine deutlich wahrnehmbare Mondfluth. Rechnet man die Stunden vom Durchgange des Mondes durch den Meridian an, ſo ergibt ſich Folgendes:

	Mondſtunde	Barometerbetrag
1 Maximum (atm. Fluth)	1·0ʰ	+ 0·07 Millim.
1 Minimum (atm. Ebbe)	7·1	— 0·04 „
2 Maximum (atm. Fluth)	12·7	+ 0·05 „
2 Minimum (atm. Ebbe)	18·6	— 0·06 „

8*

Weit problematischer ist der Einfluß der verschiedenen Monbphasen auf den Barometerstand. Flaugergues stellte 20 Jahre hindurch täglich zur Zeit des wahren Mittags Barometerbeobachtungen an. Indem er später die Mittelwerthe aus diesen Beobachtungen ableitete und sie nach den Monbphasen ordnete, kam er zu dem Ergebnisse, daß der höchste Barometerstand im zweiten Quabranten, der niebrigste im zweiten Octanten stattfinde. Die Mittelwerthe um diese höchsten und niebrigsten Stände herum enthält folgende Tafel:

Tag vor dem 2. Octanten	755·01	Millimeter
Tag des 2. Octanten	754·79	„
Tag nach dem 2. Octanten	754·85	„
Tag vor dem 2. Quadranten	756·19	„
Tag des 2. Quabranten	756·23	„
Tag nach dem 2. Quabranten	755·87	„

Das Mittel aus sämmtlichen 7281 Beobachtungen ergibt 755·46 Millimeter. Flaugergues schloß aus seinen Untersuchungen, daß die Monbphasen einen eigenthümlichen und nachweisbaren Einfluß auf die Größe des Luftbrucks ausübten. Streintz hat indeß neuerbings gezeigt, daß, wenn man die herausgebrachten Resultate einer strengen mathematischen Untersuchung nach den Regeln der Wahrscheinlichkeitsrechnung unterwirft, alsbann ein Einfluß des Mondes sich nicht allein gar nicht nachweisen läßt, sondern die Ergebnisse der Beobachtungen einem solchen geradezu wibersprechen.

Nach einer Zusammenstellung der Barometerbeobachtungen zu Karlsruhe, Paris, Straßburg und London,

würde an den ersteren drei Orten der höchste Barometerstand auf das letzte Viertel, in London dagegen auf das
erste Viertel fallen. Um zu möglichst zuverlässigen Resultaten zu gelangen, hat Streintz die während zwanzig
Jahren (1848—67) zweistündlich in Greenwich angestell-
ten Barometerbeobachtungen genau untersucht. In der
folgenden Tabelle sind die Mittelwerthe angegeben, wie sie
sich an den jedem Octanten zugehörigen drei Tagen während
der zwanzig Jahre aufgezeichnet fanden. Jede Zahl ist auf
diese Weise das Mittel aus 739 bis 742 Tagen. In
der zweiten Columne sind die Differenzen vom allgemeinen Mittelwerthe aus 5920 Tagen angegeben. Dieser
Mittelwerth ist 29·784341 engl. Zoll.

Phase	Barometermittel engl. Zoll	Differenz
Neumond	29·76869	— 0·01565
I. Octant	29·78376	— 0·00058
I. Quadrant	29·80236	+ 0·01802
II. Octant	29·78551	+ 0·00117
Vollmond	29·76899	— 0·01535
III. Octant	29·76424	— 0·02010
II. Quadrant	29·78557	+ 0·00123
IV. Octant	29·81411	+ 0·02977

Wie man aus dem Zeichenwechsel ersieht, scheinen
die Schwankungen ganz regelmäßig zu sein, aber sie sind
in keiner Uebereinstimmung mit den Resultaten, welche
Flauergues erhalten. Indem nun Streintz die
mathematische Analysis auf die herausgebrachten Resultate anwendet, findet er, daß für die Greenwicher Baro-

meterbeobachtungen als Grenzen des wahrſcheinlichen Feh=
lers die Zahlen

$$29 \cdot 80212$$
$$29 \cdot 76656$$

anzunehmen ſind. Damit ändert ſich ſofort die ganze
Schlußfolgerung bezüglich des Mondeinfluſſes; denn wenn
man die oben angegebenen acht Werthe für die einzelnen
Phaſen hiermit vergleicht, ſo findet ſich, daß fünf von
ihnen ganz innerhalb dieſer Grenzen liegen; drei fallen
allerdings außerhalb derſelben, aber keine einzige dieſer
Abweichungen erreicht das Doppelte des wahrſcheinlichen
Fehlers. Man muß daher mit Streintz ſchließen, daß
die Abweichungen durchaus von einer Größe ſind, als
wären die Beobachtungen alle durch ein Spiel des Zu=
falls in ſolcher Weiſe zuſammengeſtellt worden.

Mädler hat ſeine eignen von 1820 bis 1836 zu
Berlin angeſtellten meteorologiſchen Beobachtungen mit
Rückſicht auf einen etwaigen Einfluß des Mondes auf
Barometer und Thermometer unterſucht. Er unterſchied
hierbei den etwaigen Einfluß den die verſchiedene Entfer=
nung des Mondes ausüben könnte, von dem etwaigen
Einfluſſe der verſchiedenen Phaſen. Folgendes ſind die
Ergebniſſe, welche Mädler bezüglich des Einfluſſes der
verſchiedenen Entfernungen des Mondes erhielt.

	Barometer	Thermometer
Tag vor dem Apogäum	336''''·625	$+ 7 \cdot 36^0$
Apogäum	830	7·43
Tag nach dem Apogäum	864	7·62

	Barometer	Thermometer
Tag vor dem Perigäum	336'''·527	7·10⁰
Perigäum	601	6·87
Tag nach dem Perigäum	581	7·27

Aus diesen Ergebnissen würde folgen, daß der Mond in dem Maße druckerhöhend auf das Quecksilber wirke, als er sich von der Erde entfernt und in gleicher Weise dann auch das Thermometer stiege, was an sich wenig wahrscheinlich ist. Den Einfluß der Phasen auf Thermometer und Barometer hat Mädler ebenfalls genauer untersucht. Zu diesem Zwecke stellte er für jeden einzelnen Tag des Mondmonats die Mittelwerthe für den Barometerdruck zusammen und berechnete aus den Abweichungen ihre wahrscheinliche Unsicherheit. Das Gleiche ward für die Thermometerbeobachtungen durch= geführt. Mädler glaubt auf diese Weise einen wirklichen Mondeinfluß nachgewiesen zu haben.

Bestünde, sagt er, gar kein Einfluß des Mondes, so müßten die Unsicherheiten beiläufig den Abweichungen vom Mittel gleich sein.

Die Unterschiede übersteigen indeß ihre Unsicherheit beträchtlich, und wie Mädler meint um mehr, als daß sie in einer längern Beobachtungsreihe als Zufälligkeiten betrachtet werden könnten; doch gesteht derselbe Astronom zu, daß es noch sehr lange fortgesetzter Beobachtungen bedürfe, um in den Veränderungen die Form eines be= stimmten Naturgesetzes zu erkennen. In unseren Breiten sind die nicht periodischen Schwankungen des Barometers (und Thermometers) so bedeutend, daß häufig die täg=liche Periode dadurch ganz maskirt wird. In den Tropen findet dies in weit geringerm Grade statt. Deshalb untersuchte Mädler eine Reihe einjähriger Barometer=beobachtungen von Trentepohl und Chenon zu Christiansburg in Guinea unter 5¼° N. Br. Nach Elimination der Jahresperiode der Sonne fanden sich aus den 7210 Beobachtungen folgende Werthe:

1. Einfluß der Phasen.

3 T. vor	336·764'''		3 T. vor	336·641		
2 „	765		2 „	650		
1 „	743		1 „	640		
Erstes Viertel	737	336·714	Letztes Viertel	677	336·688	
1 T. nach	662		1 T. nach	654		
2 „	655		2 „	678		
3 „	659		3 „	694		
3 T. vor	336·604		3 T. vor	336·741		
2 „	622		2 „	750		
1 „	650		1 „	740		
Vollmond	668	336·627	Neumond	777	336·734	
1 T. nach	640		1 T. nach	754		
2 „	583		2 „	698		
3 „	623		3 „	694		

2. Einfluß der Declinationen.

☊ 1 T.	336·669'''		7 T.	336·578'''	
2 „	660	336·667	Mai. 8 „	555	336·579
3 „	671		9 „	603	
4 „	621		10 „	775	
5 „	593	336·591	11 „	740	336·772
6 „	559		12 „	801	

13 T.	336 830''')			22 T.	636·689''')	
14 ,	700 }336·726			23 ,	720 }336·718	
♒ 15 ,	647)			24 ,	744)	
16 ,	717)			25 ,	743)	
17 ,	844 }336·722			26 ,	725 }336·714	
18 ,	786)			27. 28 ,	676)	
19 ,	747)					
20 ,	819 }336·782					
Min. 21 ,	781)					

Die Differenzen find, wie man fieht, fehr gering
und der Einfluß des Mondes bleibt auch hier problema=
tifch. Als Mädler aus derfelben Beobachtungsreihe
den Einfluß der verfchiedenen Entfernungen des Mondes
auf den Barometerbruck bestimmte, erhielt er folgende
Werthe

	Barometerstand
2 Tage vor	336·749'''
1 Tag vor	736
Apogäum	736
1 Tag nach	703
2 Tage nach	712
2 Tage vor	662
1 Tag vor	683
Perigäum	686
1 Tag nach	660
2 Tage nach	672

Neumayer kommt bei Unterfuchung der 43500
ftündlichen Barometerbeobachtungen in Melbourne zu
dem Refultate einer entfchiedenen Einwirkung des Mondes.

Die Unterschiede zwischen dem höchsten und niedrigsten
Luftdrucke zeigen ein Maximum zur Zeit des Perigäums,
nur in den Wintermonaten der südlichen Halbkugel ergibt
sich ein entgegengesetztes Verhalten. Folgende Tabelle enthält die mittleren Abweichungen für die vier bisher be-
rechneten Stationen; man erkennt aus derselben die
rasche Abnahme der Abweichungsamplitude mit wachsender
Breite.

Ort	geogr. Breite	mittl. Abweichung in engl. Zollen
Singapore	1° 19′ N.	0·002621
S. Helena	15 57 S.	0·001843
Melbourne	37 49 S.	0·000631
Prag	50 8 N.	0·000396

Sehr viele Untersuchungen sind angestellt worden,
um einen etwaigen Einfluß des Mondes auf die Regenmenge nachzuweisen. Schübler zog aus seinen Beobachtungen den Schluß, daß die geringste Regenquantität
um das letzte Viertel herum falle, der meiste Regen
dagegen im zweiten Octanten statthabe. Fulbrook hat die
Regenmengen, welche während 200 Mondumläufen beobachtet wurden, zusammengestellt. Hiernach fielen während
500 Tagen zwischen dem 3. bis 7. Tage der Mond-
periode bei größter südlicher Breite 47·60 engl. Zoll
Regen; während desselben Zeitraumes, als sich der Mond
nördlich von der Ekliptik befand, fielen nur 26·42 engl. Zoll.

Streintz hat siebenundzwanzigjährige Beobachtungen
zu Greenwich über die gefallenen Regenmengen mit Rück-

ſicht auf den etwaigen Einfluß des Mondes unterſucht. In der folgenden Tabelle geben die Zahlen der erſten Columne das Jahresmittel an, d. h. diejenige Regen= menge, wie ſie innerhalb eines Jahres während aller zu einem Octanten gehörenden 3 Tagen vorgekommen wäre, wenn jährlich gleich viel Regen gefallen ſein würde. Die mittlere Regenmenge eines Jahres während eines ganzen Monbumlaufes, alſo die Summe der acht angegebenen Zahlen, iſt 18·37 engl. Zoll. Dieſe Zahl durch 8 divi= dirt gibt den mittlern Werth für die acht in der Tabelle ſtehenden Zahlen. Dieſes Mittel iſt 2·296 und von dieſem Mittelwerthe enthält die zweite Zahlencolumne die Ab= weichungen.

Phaſe	Regenmenge	Abweichung
Neumond	2·297	$+$ 0·001
I. Octant	2·294	$-$ 0·002
I. Quadrant	2·307	$+$ 0·011
II. Octant	2·361	$+$ 0·065
Vollmond	2·237	$-$ 0·059
III. Octant	2·370	$+$ 0·074
II. Quadrant	2·230	$-$ 0·066
IV. Octant	2·214	$-$ 0·082

Aus dieſer Tabelle ergibt ſich, daß im 3. Octanten am meiſten und im IV. Octanten am wenigſten Regen fiel, was mit Schübler's Reſultaten nicht übereinſtimmt, auch gibt ſich weder Symmetrie, noch Regelmäßigkeit zu erkennen und die mathematiſche Unterſuchung zeigt, daß die Abweichungen als rein zufällige betrachtet werden müſſen.

In ähnlicher Weise hat sich auch ergeben, daß ein merklicher Einfluß des Mondes auf die Windrichtung und den Grad der Bewölkung des Himmels nicht existirt. Man darf daher dreist behaupten, daß der Mond die Meteoration unserer Atmosphäre nicht in irgendwie bemerklichem Maße beeinflußt.

Ein deutlicher Einfluß des Mondes offenbart sich dagegen in den magnetischen Verhältnissen der Erde. Schon 1839 hat Kreil nachgewiesen, daß zwischen den magnetischen Schwankungen und dem Mondlaufe ein Zusammenhang bestehe, und später hat Sabine gezeigt, daß die Declinationsnadel unter dem Einflusse des Mondes Bewegungen vollführt die zwei tägliche Maxima und Minima besitzen. Dasselbe Resultat erhielt 1864 Lamont. Auch in den Aenderungen der magnetischen Inclination zeigt sich ein analoger Gang. Bezüglich der Intensität des Erdmagnetismus, hat endlich Hansteen gefunden, daß sie eine neunzehnjährige Periode zeigt, die wahrscheinlich mit der Bewegung der Mondknoten in Beziehung steht. Der Einfluß des Mondes auf die Häufigkeit der Erdbeben ist zuerst von Perrey hervorgehoben und später von Falb genauer untersucht worden, doch scheint mir der Gegenstand noch nicht spruchreif zu sein.

Schließlich verbliebe noch einen raschen Blick auf die Erscheinungen der Mondfinsternisse zu werfen. Dieselben werden, wie heute jedes Kind weiß, dadurch hervorgerufen, daß der Mond, wenn er sich der Ebene der

Efliptik zur Zeit der Opposition bis zu einem gewissen Grade nähert, eine gewisse Zeit hieburch in den Schatten der Erde taucht und baburch verdunkelt wird. Insoferne indeß der Mond hiebei eine lediglich passive Rolle spielt, gehört ein näheres Eingehen auf die alsbann auftretenden Erscheinungen ebenso wenig hierher als die specielle Behandlung der ungleich wichtigeren und für bestimmte Erdorte weitaus seltneren Sonnenfinsternisse.

— — —

Sternhaufen und Nebelflecke.

I.

Die Durchforschung der entlegenen Regionen des unermeßlichen Weltraumes, weit jenseits der Gränzen unsers Sonnensystems, hat unsern Einblick in die reiche Mannigfaltigkeit der Gebilde des Weltalls wundervoll erweitert. Diese Ausdehnung unsers Gesichts= und Ideen= kreises ist wesentlich eine Errungenschaft der neuern Zeit; sie beginnt mit dem Auftreten des genialen William Herschel, des größten astronomischen Entdeckers aller Jahrhunderte. Mit mächtigen, selbst verfertigten Seh= werkzeugen und geleitet von großen Ideen über die An= ordnungen im Baue der Welt, drang dieser unermüdliche Forscher ein in Regionen des Sternenraumes, die sich bis dahin den Blicken aller Sterblichen verschlossen hatten; er hat zuerst das Senkblei in die Tiefen der Himmels= räume geworfen und das unergründlich Scheinende ergründet.

Hauptsächlich sind es zwei verschiedene Klassen von Gebilden, die uns in den Regionen der Fixsternräume begegnen, nämlich Sternhaufen und Nebelflecke.

Die Sternhaufen gehören zu den prachtvollsten Er=
scheinungen, welche bei der teleskopischen Untersuchung
des Himmelsgewölbes hervortreten, ja William Her=
schel nennt sie geradezu die prächtigsten Gegenstände,
die man am Himmel wahrnehmen könne.

Die genauere Beobachtung und Untersuchung der
Sternhaufen und Sternschwärme beginnt, abgesehen
von Messier's fleißiger, aber von zu beschränkten
Hülfsmitteln behinderter Arbeit mit William Her=
schel. In seiner dritten Abhandlung von 1789 beschäf=
tigt er sich zum ersten Male ausführlicher mit dem
Gegenstande. Nachdem er auf das von ihm gegebene
Verzeichniß von Oertern des Himmels, „wo Sonnen sich
in besondere Systeme zusammengezogen haben", verwiesen,
bemerkt der große Mann, daß wir durch die Verglei=
chung zahlreicher Sterngruppen mit einander hoffen dür=
fen, „den Operationen der natürlichen Ursachen, so weit
als sich ihre Wirksamkeit bemerken läßt, nachzuspüren."
Warum, sagt er, sollten unsere Nachforschungen beschränk=
ter sein, als die des Naturphilosophen, der oft aus einer
unbeträchtlichen Anzahl von Exemplaren einer Pflanze
oder eines Thieres sich in den Stand gesetzt sieht, uns
mit der Geschichte des Ursprungs, des Fortgangs und
des Verfalls derselben zu beschenken?

Herschel geht nun zu einer genauern Betrachtung
der beobachteten Formen über. Er beginnt mit der ein=
fachsten, der Kugelgestalt. Sie ist, wie er nachträglich
hervorhebt, auch diejenige, welche sich in den Stern=
schwärmen am häufigsten zeigt. Nachdem er nachgewiesen,

daß wir in den Sternhaufen wirkliche, organisch verbun=
dene Systeme und nicht zufällige optische Anhäufungen
von Sternen vor uns haben, stellt er als ein bei Bil=
dung der Sternhaufen geltendes Gesetz die Behauptung
auf, daß die zu einer und derselben Gruppe gehörenden
Sterne durchschnittlich von nahe gleicher Größe (Leucht=
kraft) seien. Den Beweis führt er in der Weise, daß
er sich auf die nahezu gleiche scheinbare Helligkeit
und die außerordentliche Entfernung der Sterne, welche
zu einem Schwarme gehören, stützt. Gegenwärtig können
wir indeß diesem Satze nicht mehr ganz beipflichten; denn
es hat sich ergeben, daß in den Sternhaufen nicht selten
Sterne der verschiedensten Helligkeit sichtbar sind.

Zutreffender ist der zweite Satz den der berühmte
Erforscher des Himmels aufstellte und wonach die kugel=
förmigen Sternhaufen gegen den Mittelpunkt hin mehr
verdichtet sind als gegen die Oberfläche. Allerdings kom=
men auch hiervon einzelne Abweichungen vor, allein in
den überwiegend meisten Fällen kann der Beobachter sich
nicht des Eindrucks erwehren, daß die Sterne eines
Schwarmes gegen den Mittelpunkt hin weit gedrängter
stehen, als in den äußeren Theilen der Gruppe. Her=
schel sucht nun zu erklären, warum diese reichere An=
dräugung gegen den Mittelpunkt hin stattfinde. „Wären
wir," ruft er aus, „nicht bereits mit der Anziehungs=
kraft bekannt, so würde diese stufenweise Verdichtung durch
die merkwürdige Stellung der nach einem Mittelpunkte
hinstrebenden Sterne eine solche Centralkraft andeuten."
Selbst bei den nicht kugelförmigen, sondern mehr oder

9*

weniger gedehnten Sternhaufen läßt sich nach William Herschel deutlich ein Streben oder eine Hinneigung zur Kugelform daran erkennen, daß die Dimensionen in dem Maße, als man den lichteren Stellen sich nähert, gewisser= maßen anschwellen.

Wir sehen nach William Herschel's Ausdrucke in den sphärischen Haufen die Sterne in verschiedenen Sortirungen. Da aber jede Kraft, die ununterbrochen fortwirkt, Resultate im Verhältnisse der Zeitdauer ihrer Wirkung hervorbringen muß, und da ferner die sphäri= sche Gestalt des Sternhaufen von Centralkräften her rührt, so folgt nach Herschel, daß jene Sternhaufen, welche ceteris paribus am vollkommensten diese Figur zeigen, auch am längsten der Wirkung dieser Ursachen ausgesetzt gewesen sein müssen. „Dieses wird uns," fährt er fort, „verschiedene Gesichtspunkte verstatten. Nehmen wir bei= spielsweise an, daß 5000 Sterne einmal in einer gewissen zerstreuten Lage gewesen wären, so wird, glauben wir, derjenige von den zwei Sternhaufen, welcher der bildenden Kraft am längsten ausgesetzt gewesen ist, auch am meisten verdichtet und der Vollendung seiner Gestalt näher ge= bracht sein. Eine sofortige Folge dieser Betrachtung ist, daß wir in den Stand gesetzt sind, über das Verhältniß des Alters, der Reihe oder der Stufenordnung eines Sternsystems aus der Stellung seiner Bestandtheile zu urtheilen."

In dieser ganzen Darstellung nimmt Herschel die einzelnen Sterne als gegeben an und bemüht sich bloß, ihre Ansammlung zu Haufen nachzuweisen. Dies ist auch sein Standpunkt in der großen Abhandlung von 1814 „Ueber den sternigen Theil des Himmels in seinem Zusammenhange mit dem nebeligen." Er sagt hier bei Besprechung des großen Sternhaufens in der Constellation des Schiffes: „Derselbe entstand vielleicht dadurch, daß mehrere Sterne in derselben Ebene lagen; die anhäufende Kraft zog sie gegen einen Mittelpunkt." Bei einem Stern= haufen in den Zwillingen erkennt er in der zunehmenden Gedrängtheit der Sterne den Sitz der Kraft im Mittel= punkte; nach dem Umrisse — sagt er — können wir diesen Sternhaufen als in einem schon weit fortgeschrit= tenen Zustande der Isolirung befindlich ansehen, und aus diesen Umständen weiter schließen, daß derselbe bereits lange dem Einflusse der haufenbildenden Kraft ausgesetzt ist. Die haufenbildende Kraft, der Herschel die Entstehung der Sternhaufen zuschreibt, und die nichts anderes als die allgemeine Anziehung ist, erklärt nach ihm auch hinläng= lich die verschiedene Dichte der Milchstraße an Sternen, das Aufbrechen dieses großen Himmelsgürtels, das er bereits an mehreren Punkten zu erkennen glaubte. „Da die Sterne der Milchstraße," sagt er, „beständig der Wirkung einer Kraft ausgesetzt sind, die sie unwidersteh= lich in Gruppen zusammenzieht, so können wir überzeugt sein, daß von dem Zustande bloßer Annäherung zu Haufen sie stufenweise immer mehr durch fortschreitende Zustände von Anhäufung zusammengedrängt werden, bis sie dahin gelangen, was wir die Periode der Reife nennen können, der kugeligen Gestalt und der gänzlichen Iso= lirung."

In der neunten Abhandlung von 1818 beschäftigt sich Herschel mit der Ermittelung der Entfernungen, in welchen sich die kugelförmigen und anderen Sternhaufen befinden. Er stützt sich hierbei zunächst auf seine bereits 1799 veröffentlichte „Untersuchung über die raumdurchbringende Kraft der Teleskope“, in welcher er festgestellt hatte, wie vielmal weiter ein solches Instrument von gegebener Größe des Spiegels in den Raum einbringen und Sterne zu zeigen vermag, als das bloße Auge. Letzteres bringt in normalem Zustande, nach Herschel, bis zur zwölffachen Distanz der Sterne erster Größe in den Raum vor. Die raumdurchbringende Kraft des siebenfüßigen Reflectors wurde von Herschel als $20\frac{1}{4}$mal, jene des 20füßigen als 75mal und jene des 40füßigen als $191\frac{1}{7}$mal größer wie die des normalen Auges berechnet. Durch Beschränkung der Oeffnung (des Teleskopspiegels) konnte er je nach Bedürfniß verschieden tief in den Raum vordringen und hierdurch die Entfernung der nach und nach sichtbar werdenden Gegenstände bestimmen.

Diese geniale Methode Herschel's gestattet eine annäherungsweise Schätzung der Entfernungen, in welchen sich die Sternhaufen und einzelnen Sterne befinden. Wenn nämlich ein Sternhaufen im 20füßigen Teleskope einen Sternhaufen deutlich auflöst, so ist dessen Entfernung 75×12 Sternweiten oder, da eine Sternweite rund zu 20 Billionen Meilen angesetzt wird, gleich 18.000 Billionen Meilen. Selbstredend kann es sich hier nur um eine Annäherung an die Wahrheit handeln, auch

135

ist es für unser sinnliches Erfassen ganz gleichgiltig, ob
ein Stern 18.000 oder 10.000 oder 100.000 Billionen
Meilen von uns entfernt ist. Die näherungsweisen Ent=
fernungen, zu welchen Herschel gelangte, dienen aber
immer dazu, unsere Vorstellungen von den Bauverhält=
nissen des Sternhimmels zu präcisiren. Uebrigens sind
die von Herschel erhaltenen Entfernungen wie Struve
nachgewiesen hat, beträchtlich zu groß. Das Fernrohr
bringt nämlich bei weitem nicht so tief in den Raum
ein, als Herschel glaubte, und zwar deshalb nicht,
weil der Weltraum keineswegs leer, sondern mit einer
feinen Materie, dem Aether, angefüllt ist. Dieser Aether
aber schwächt den hindurchgehenden Lichtstrahl, wenn es
sich um sehr große Räume handelt, beträchtlich und das
Fernrohr zeigt deshalb viele Sterne nicht mehr, die es
sonst noch erreichen würde. Die entferntesten Sternhaufen,
welche Herschel auf ihre Distanz untersucht hat, stehen
hiernach in Abständen von uns, die 5000 bis 6000
Billionen Meilen nicht überschreiten.

In Entfernungen von gleicher Ordnung befinden
sich aber auch isolirte Sterne, welche wir als integrirende
Theile desjenigen Fixsternverbandes ansehen müssen, zu
dem auch unsere Sonne gehört, und wir müssen deßhalb
schließen, daß eine große Anzahl der Sternhaufen zu
unserm Systeme gehört und nicht etwa diesem als gleich=
berechtigte Systeme coordinirt ist. Viele mögen allerdings
unser Sternsystem, das seinerseits nichts anderes als ein
ungeheurer Sternhaufen ist, in größeren Distanzen außer=

halb stehend, begleiten, aber, so weit wir heute zu beur=
theilen vermögen, erreicht keiner derselben dieses an Größe.

Versucht man sich über die optische Ausstreuung der
Sternhaufen an der Himmelsdecke klar zu werden, indem
man ihre Oerter auf einer Himmelskarte oder einem
Globus bezeichnet, so erkennt man, daß sie im Allgemeinen
weniger vereinzelt, sondern mehr lagerweise und in der
Nähe der Milchstraße auftreten. Der größte, auf ver=
hältnißmäßig engem Raume zusammengedrängte Reich=
thum findet sich nach Sir John Herschel am süb=
lichen Himmel, zwischen der süblichen Krone, dem
Schützen, dem Schwanze des Skorpions und dem Altare.

Sobald die Entfernung eines Sternhaufens bekannt
ist und man seine scheinbare Größe, so wie die Anzahl
der in ihm sichtbaren Sterne kennt, ist es möglich, seine
wahre Größe und die durchschnittliche Distanz der Sterne,
welche ihn bilden, zu berechnen. Wenn es nun auch
gegenwärtig unmöglich ist, genaue Zahlenwerthe für
die Entfernungen der Sternhaufen zu geben, so reicht
das, was wir in dieser Beziehung wissen, doch immer=
hin aus, werthvolle Schlüsse über die Größen dieser
Weltsysteme und die durchschnittliche Entfernung der sie
bildenden Sonnen von einander zu ziehen. Einige Bei=
spiele werden in dieser Beziehung genügen.

Nebel im Haare der Berenice. Da er in 734facher
Siriusweite unter einem Winkel von 10′ erscheint, so
ist sein wahrer Durchmesser mehr als doppelte Stern=
weite. Weil noch Nebliches in ihm erscheint, so sind die

Sterne sehr gedrängt; rechnet man ihre Distanz auf dem Durchmesser zu 10″, so liegen in demselben 60 Sterne, und der Sternhaufen ist eine Kugel, deren Radius Siriusweite und die 113.000 Sterne oder Sonnen enthält. In unserm Sternsysteme ist dieser ungeheure Raum bloß von einer Sonne erfüllt.

Der Sternhaufen im Schlangenträger und jener zwischen dem Schützen und Kopfe des Steinbocks haben, in derselben Entfernung, nur etwa 2′ scheinbaren Durchmesser, der wahre ist also noch nicht einmal die Hälfte einer Siriusweite.

Der Durchmesser des Sternhaufens bei ω in den Zwillingen erreicht kaum $^9/_{10}$ Siriusweite. Der schöne Sternhaufen bei d im Perseus hat einen Durchmesser, der eine Siriusweite etwas übertrifft. Jener im Schiff ist dagegen kaum $^1/_3$ so groß und bei 10″ scheinbarer Distanz seiner Sterne beträgt ihr wirklicher Abstand $^1/_{12}$ Siriusweite.

Der Sternhaufen im Haupte des Wassermannes hat einen wahren Durchmesser von $^2/_5$ einer Siriusweite; bei 10″ scheinbarer Distanz seiner Sterne ist deren wahrer durchschnittlicher Abstand von einander $^1/_{90}$ Siriusweite oder etwa 200.000 Millionen Meilen. Bei vielen anderen Sternhaufen ergibt sich in gleicher Weise, daß der mittlere Abstand ihrer Sterne von einander nur $^1/_{20}$ oder $^1/_{30}$ Sternweite beträgt, wobei wohl zu beachten ist, daß diese Distanzen nach den Entfernungen berechnet sind, welche Herschel den Sternhaufen beilegte. So viel ift jedenfalls ficher, daß in den Sternhaufen die einzelnen Sterne einander weit näher ftehen als in unferm Sternfyfteme, und wir müffen daraus fchließen, daß dies nicht zufällig ift, fondern auf einer innern Nothwendigkeit beruht. An der Hand der Herfchel'fchen Vorftellungen würden wir darin das Refultat der fortwährend thätigen Attraction zu erkennen haben, welche die einzelnen Glieder der Sternhaufen näher und näher zufammenzieht und endlich aufeinander treiben muß. Diefe Vorftellung ift großartig, aber fie gibt von der erften Entftehung der Haufen keine Rechenfchaft. Denn gegenüber der Zahl und regelmäßigen Anordnung der Sterne in manchen Sternhaufen ift es offenbar ganz unzuläffig, annehmen zu wollen, diefe Sternenfchwärme feien aus den zufällig nahe bei einander ftehenden Sonnen entftanden. Eine folche Annahme verlegt bloß die Schwierigkeit weiter rückwärts, hebt fie aber nicht. Auch Laplace's Syftem der Entftehung unfers Sonnenfyftems ift nicht im Stande, über den Urfprung der Sternhaufen Rechenfchaft zu geben, und wir müffen geftehen, daß wir hierüber zur Zeit ganz unwiffend find.

Das größte Intereffe für die Gegenwart und Zukunft bietet unzweifelhaft die genaue Aufnahme, die Beftimmung der gegenfeitigen Lage und Diftanz der Sterne in den hierzu geeigneten Sternhaufen. Lamont ift der Erfte gewefen, der in den Jahren 1836 und 1837 eine derartige Arbeit unternahm, indem er einen großen Sternhaufen im Perfeus genau vermaß. Derfelbe

besteht aus etwa 100 Sternen von der 8. Größe an
bis zu den kleinsten Lichtpunkten, die noch in dem acht=
zehnfüßigen Refractor der Sternwarte zu Bogenhausen
bei München erkannt werden können. Der Sternhaufen
im Sobieski'schen Schilde ist ebenfalls von Lamont ver=
messen worden. Seine Zeichnung stellt in einer Ausdeh=
nung von etwa 4 Minuten im Quadrat 128 Sterne
dar. Später hat Lamont diese Untersuchungen leider
aufgeben müssen, da sie zu viel Zeit in Anspruch nah=
men und bei den dichten Sternhaufen ganz unausführbar
erschienen, indem es unmöglich war, bestimmte Anhalts=
punkte zu merken und dieselben wiederzuerkennen. Der
Sternhaufen bei h im Perseus ist in den Jahren 1860
und 1862 von Professor Krüger, damals Astronom
in Bonn, vermessen worden. Dieser Beobachter hat 43 der
hauptsächlichsten Sterne des Schwarmes nach ihrer gegen=
seitigen Lage genau bestimmt und in eine Karte einge=
tragen.

Der dritte große Sternhaufen im Bilde des Perseus
ist ebenfalls genau vermessen worden und ebenso ein Stern=
haufen in der Constellation des Fuchses.

Diese Messungen werden der mehr oder weniger
entfernten Zukunft die Mittel an die Hand geben, zu ent=
scheiden, ob und welche Veränderungen in jenen Stern=
haufen stattgefunden haben und welches die speciellen
dynamischen Beziehungen sind, in denen die einzelnen
Componenten der betreffenden Sternschwärme zu einander
stehen.

Nach dem dermaligen Zustande unsers Wissens ist es schwer, sich vorzustellen, wie eine so große Anzahl von Sonnen, als mancher Sternhaufen besitzt, bei bebeutender Nähe derselben untereinander, ungestört ein ganzes System von dauerndem Bestande bilden können. Oder ist es vielleicht überhaupt eine Chimäre, von dauerndem Bestande der Sternschwärme zu sprechen? Nach den Vorstellungen des ältern Herschel sind die Sternhaufen allerdings nur Uebergangsstadien, indem die Haufen bildende Kraft benachbarte Sterne mehr und mehr zusammenzieht und schließlich in allgemeinem Herabsturze mit einander vereinigen wird. Die Lehre von der Umsetzung der Kraft zeigt, daß bei einem solchen Zusammenpralle die einzelnen Massen in ein Stadium der Gluth gerathen müssen, in welchem sie vergasen. Wir hätten dann also einen Nebelfleck vor uns, und der alte Kreislauf könnte aufs Neue, wenn auch mit verminderter Energie, beginnen.

Je näher ein Sternhaufen sich bei unserer Sonne befindet, um so weiter müssen unter übrigens gleichen Umständen die Sterne, aus denen er besteht, von einander entfernt scheinen. Die bekannten Plejaden im Stiere sicherlich nichts anderes als ein Sternhaufen, der uns verhältnißmäßig sehr nahe steht. Das Gleiche gilt von den Hyaden, die, mit Ausnahme der Sterne α, o¹ und 75, sämmtlich eine nach Ost gerichtete Bewegung von etwa 0,1″ pro Jahr besitzen. Die Krippe im Krebse ist ebenfalls ein Sternhaufen, wenngleich nur einer der kleineren. Es lassen sich auch Umstände denken, unter

welchen wir den Zusammenhang der einzelnen Partial=
glieder eines Sternhaufens nicht sofort durch den bloßen
Anblick erkennen können. Das würde z. B. bei sehr großer
Nähe eines solchen Weltsystems der Fall sein. In diesem
Falle kann nur die übereinstimmende Richtung der Eigen=
bewegung uns den physischen Zusammenhang offenbaren.
Die Beobachtungen deuten in der That in manchen
Regionen des Himmels einen solchen Connex zwischen
Sternen an, die optisch um viele Grade von einander
entfernt stehen. Es findet dies z. B. für die Hauptsterne
des großen Bären statt, und vielleicht auch für eine
Menge anderer in deren Nähe. Die Eigenbewegung be=
trägt hier etwa 10 bis 15 Secunden im Jahrhundert
und ist eine nach Osten gerichtete. Etwas ähnliches sehen
wir in dem so sternreichen Bilde des Orion, dort aber
ist die Bewegung eine westliche. Auch die Resultate der
auf die Fixsternwelt angewandten Spectralanalyse deuten
hier auf Verbindungen höherer Ordnung, die dem un=
mittelbaren Anblicke entgehen. Secchi's umfassende
Untersuchungen haben ergeben, daß in gewissen Regionen
des Himmels gewisse Sterntypen ausschließlich vor=
herrschen. So findet man z. B. im Sternbilde des
Orion hauptsächlich Sterne des ersten Typus (wohin die
weißen und blauen Sterne mit Spectren ohne intensive
Absorptionsbanden gehören), so daß sie gewissermaßen
eine Familie für sich bilden. Ebenso zeigen sich im
Löwen, dem Stiere, dem großen Bären, der Leyer, in
den Plejaden, hauptsächlich Sterne des ersten Typus,
während in den Sternbildern des Walfisch, des Eridanus,

der Hydra, vorwiegend Sterne des dritten Typus (von röthlicher Farbe, mit breiten säulenartigen Absorptions=banden im Spectrum) gefunden werden. Es kann dies nicht dem Zufalle zugeschrieben werden, sondern hier deutet in Wahrheit der Chor auf ein geheimes Gesetz, d. h. es findet ein näherer Zusammenhang statt, ein physischer Connex.

II.

Von den Sternhaufen wenden wir uns zu den Nebelflecken, jenen bleichen verwaschenen, oft sehr phantastisch geformten, Duft ähnlichen Gebilden, die nur in den kraftvollsten Teleskopen genauer erkannt werden können.

Den ersten eigentlichen Nebelflecken entdeckte Simon Marius mit dem eben erfundenen Fernrohre. Es ist der langgestreckte, spindelförmige Nebel im Sternbilde der Andromeda, der übrigens schon einem scharfen Auge ohne Fernrohr sichtbar ist. Fast ein halbes Jahrhundert später beschrieb Huggins den merkwürdigsten aller heute bekannten Nebelflecke, jenen großen und unregelmäßigen Nebel im Orion.

Noch mehrere Entdeckungen von Nebelflecken folgten, aber sie waren alle nur zufällig. Niemand dachte daran, diesen merkwürdigen Weltkörpern eine speciellere Aufmerksamkeit zu widmen. Erst im Jahre 1764 begann der französische Astronom Messier, der durch seine zahlreichen Kometenentdeckungen bekannt ist, ein regel-

mäßiges Aufsuchen der Nebelflecke. Sein Fernrohr war
für die damalige Zeit gut genug, aber zur Beobachtung
von Nebelflecken erscheint es doch außerordentlich licht=
schwach. Dennoch fand Messier nicht weniger als 61
neue Nebel und bestimmte ihren Ort am Himmel.

Im Jahre 1779 begann endlich William Herschel
sich mit dem Gegenstande zu beschäftigen. Die von ihm
selbst verfertigten Spiegelteleskope waren von so bedeutender
optischer Kraft, daß er in einem Zeitraume von wenigen
Jahren viele hundert neue Nebelflecke und Sternhaufen
auffand. Manches Object, welches die früheren Beobachter
für einen Nebelfleck gehalten hatten, zeigte sich in seinen
Teleskopen als ein Schwarm von Sternen, als ein wahrer
Sternhaufen. Im Ganzen hat William Herschel
2303 Nebelflecke und 197 Sternhaufen entdeckt. Später
haben sein Sohn Sir John Herschel, Lord
Rosse, Lassell, Bond, Schönfeld, Rümker,
d'Arrest und andere noch zahlreiche neue Nebel (und
Sternhaufen) aufgefunden, so daß man deren Gesammt=
zahl heute auf mehr als 5000 veranschlagen darf.

Betrachtet man die Vertheilung der Nebel an der
Himmelssphäre, so ergibt sich, daß dieselbe keineswegs
eine nahezu gleichförmige ist, wie es der Fall sein müßte,
wenn die Nebel zufällig nach allen Richtungen hin durch
den Raum zerstreut wären. Es findet sich vielmehr, daß
ein deutlich ausgesprochenes Maximum der Häufigkeit
zwischen 180 und 200 Grad Rectascension, ein zweites,
minder beträchtliches, zwischen 75 und 90 Grad Rec=
tascension, und ein Minimum zwischen 225 und 300 Grad

Rectascension fällt. Diese Vertheilung ist eine äußerst merkwürdige, die durchaus kein Analogon in der Ausstreuung der Firsterne über die Himmelsdecke besitzt, denn diese letzteren sind nach einem wesentlich abweichenden Plane vertheilt. Die Pole des Himmelsäquators erscheinen merkwürdig arm an Nebeln, dagegen scheint das Maximum der Nebelhäufigkeit dem nördlichen Pole der Milchstraße sehr genähert. Indeß hat sich die früher vielfach verbreitete Idee von einer „Milchstraße der Nebelflecke" rechtwinkelig zur Milchstraße der Sterne, zu der auch der große W i l l i a m H e r s c h e l früh hinneigte, nicht bestätigt. Ueberhaupt räth b'A r r e s t die Studien über die Vertheilung der Nebelflecke am Himmel noch einige Zeit auszusetzen, bis ein umfangreicheres Material zu Gebote stehe.

Schon 1784 machte H e r s c h e l auf das schichtenartige Vorkommen der Nebelflecke aufmerksam. „Ein sehr merkwürdiger Umstand," sagte er in seiner ersten Abhandlung, „bei den Nebelflecken und Sternhaufen ist der, daß sie in Schichten geordnet sind, die in großer Erstreckung fortzulaufen scheinen. — Eines von diesen Nebellagern ist so reichhaltig daß, da ich nur einen Theil desselben in der kurzen Zeit von 36 Minuten durchging, ich nicht weniger als 31 Nebelflecke entdeckte, die auf dem prachtvollen blauen Himmel alle deutlich sichtbar waren. Ihre Lage und Gestalt sowohl als Beschaffenheit scheint alle nur erdenkliche Mannichfaltigkeit anzuzeigen. In einer andern Schicht, oder vielleicht in einem andern Arme derselben Schicht, sah ich doppelte und dreifache

Nebelflecke in mannichfaltiger Anordnung: große und klei=
nere, welche Trabanten zu sein scheinen, schmale, aber
sehr ausgedehnte helle Nebelflecke oder glänzende Tüpfel,
einige von der Gestalt eines Fächers, der aus einem
lichten Punkte, gleich einem elektrischen Büschel heraus=
kommt, andere von kometischem Aussehen mit einem an=
scheinenden Sterne im Mittelpunkte, oder gleich wolkigen
Sternen, umringt von einer nebligen Atmosphäre. Eine
andere Gattung wiederum enthielt einen milchigen Nebel
gleich jenem wunderbaren Nebelbilde im Orion, wieder
andere schimmerten in einer Art matterm, fleckigem
Lichte, welches ihre Auflösbarkeit in Sterne verrieth."

Diese Ausführungen offenbaren deutlich die Ver=
wunderung Herschel's über die merkwürdigen Gebilde,
denen er auf den ersten Schritten seines Nebelstudiums
begegnete, und gleichzeitig enthalten sie die Keime der
Anschauungen, die er in der Folge mit unermüdlichem
Eifer entwickelte und prüfte. Zwar huldigte der große
Beobachter damals noch der Ansicht daß sämmtliche Nebel
in Wirklichkeit nichts anderes als Sternhaufen seien,
deren ungeheure Entfernung selbst in den kraftvollsten
Teleskopen ihre Zerlegung in einzelne Sterne verhindere;
allein diese Vorstellungen hielten ihn nicht ab möglichst
vorurtheilsfrei und kritisch die Gebilde zu mustern, denen
er auf seinen „Streifzügen durch den Himmel" begegnete.
Im Jahre 1785 entwickelte Herschel zuerst seine An=
sichten über die Entstehung der Nebelflecke; dieselben sind
heute nicht mehr zu biscutiren, weil das Princip (nämlich
eben die sternartige Natur jener Gebilde), wovon er aus=

ging, unrichtig ist. In derselben Abhandlung wird unser Sternsystem als ein großer abgesonderter Nebelfleck beschrieben, der, so weit Herschel noch herumgekommen sei, deutlich begränzt, ja an den meisten Stellen sehr eng begränzt erscheine. Als Kriterium der Ausdehnung diente die Anzahl der im Gesichtsfelde des Teleskops sichtbaren Sterne; es ist dieß die berühmte Methode des Aichens, wodurch ein Senkblei, eine Sondirlinie gewonnen wurde, die an sehr vielen Stellen weit über die Gränzen unserer Firsternschicht hinausreichte. In einer Anzahl zusammengesetzter Nebel sah Herschel damals Analoga unserer Milchstraße, ja von einigen derselben glaubte er, daß sie wohl nicht kleiner sein könnten als diese. Mit der Gewissenhaftigkeit welche den großen Forscher stets auszeichnete, und die seinen Arbeiten ihren hauptsächlichsten Werth verleiht, führt er sofort auch die Gründe an, welche ihn bestimmen, jenen Nebelflecken eine so enorme Ausdehnung zu geben. „Es gibt," sagt er, „viele runde Nebelflecken von 5 oder 6 Minuten Durchmesser, deren Sterne ich noch deutlich sehe. Vergleiche ich sie nun mit dem Visionsradius, den ich aus einigen meiner langen Aichungen berechnet habe, so schließe ich aus dem Aussehen der kleinen Sterne in jenen Aichungen, daß die Mittelpunkte dieser runden Nebelflecke 600mal so weit von uns entfernt sind als der Sirius. — Einige von diesen runden Nebelflecken haben andere nahe bei sich, die ihnen an Gestalt, Farbe und Vertheilung der Sterne vollkommen ähnlich, aber im Durchmesser nur halb so groß sind; sie sind in der That so klein, daß sie ohne

10*

die äußerste Anstrengung nicht gesehen werden können. Ich vermuthe, daß diese Miniatur-Nebelflecke doppelt so weit abstehen als die ersten. Ebenso merkwürdig als lehrreich ist der Fall, wo ich in der Nachbarschaft von zwei solchen Nebelflecken einen dritten, ähnlichen, auflösbaren, aber weit kleinern und lichtschwächern antraf. Die Sterne desselben sind kaum noch wahrnehmbar; aber eine Aehnlichkeit an Farbe mit den beiden ersten und die verminderte Größe und Helligkeit desselben berechtigen uns wohl seinen Abstand völlig zweimal so weit als den des zweiten, oder vier- bis fünfmal so weit als den Abstand des ersten hinauszusetzen. Und doch ist der Nebel noch nicht von der milchigen Art, auch ist er nicht gar so schwer in Sterne aufzulösen oder farbenlos. Nun wechselt aber in einigen von den gedehnten Nebelflecken das Licht, so daß es von dem in Sterne auflösbaren nach und nach in das milchige sich verliert, was mir anzuzeigen scheint, daß das milchige Licht der Nebelflecke von ihrer weit größern Entfernung herrührt. Ein Nebelfleck also, dessen Licht vollkommen milchig ist, kann nicht wohl in einer geringeren Distanz als in 6000 oder 8000 Siriusweiten angenommen werden, und wenn er uns trotz dieser Entfernung unter einem Durchmesser von einem Grad oder noch größer erscheint, so muß er von wundersamer Größe sein, und unsere Milchstraße an Umfang und Großartigkeit weit übertreffen."

Es war zuerst im Jahre 1791, daß Herschel seine bisherige Ansicht von der sternigen Natur aller Nebelflecke aufgab und das Vorhandensein eines wahren

Nebels, eines wirklichen Weltdunstes in den Tiefen des
Himmels constatirte. Hauptsächlich war es die Beobachtung
eines unscheinbaren Sterns im Sternbilde des Fuhrmanns,
die ihn stutzig machte. Denn dieser Stern zeigte sich um=
geben mit einer zarten Lichtatmosphäre von kreisrunder
Gestalt und 3 Minuten scheinbarem Durchmesser. Der
Stern erschien genau im Mittelpunkte der Nebelatmosphäre,
und letztere so verwaschen zart und durchaus gleichförmig,
daß der Gedanke, sie könne aus Sternen bestehen, von
Herschel entschieden verworfen wurde. Auch konnte kein
Zweifel über die augenscheinliche Verbindung zwischen
der Nebelatmosphäre und dem Sterne bestehen. Herschel
erkannte auf der Stelle die hohe Wichtigkeit der neuen
Entdeckung einer wirklichen, leuchtenden Nebelmaterie für
die Entwicklungsgeschichte des Weltalls. Diese Nebelsterne
— so ruft er zuversichtlich aus — sollen als Schlüssel
dienen um andere geheimnißvolle Erscheinungen aufzu=
schließen! Schon in derselben Abhandlung geht er auf
das schwierige Thema der Sternbildung über, und hebt
mit vollem Rechte hervor, daß, wenn das Vorhandensein
eines selbstleuchtenden Nebelstoffs erwiesen ist, es alsbann
passender erscheine, einen Stern aus seiner Verdichtung
hervorgehen zu lassen, als seine Existenz von einem Stern
abhängig zu machen. Auch über die Natur der merk=
würdigen scheibenförmigen Nebel, die Herschel eben
wegen ihrer kreisrunden, gleichmäßig erleuchteten Scheiben
planetarische Nebel genannt hatte, ließen sich nunmehr
plausiblere Hypothesen aufstellen.

Inzwischen setzte Herschel seine Streifzüge durch den Himmel unermüdlich fort, und gelangte dadurch zu einem ungeheuren Materiale an Thatsachen, zu einer solchen Fülle neuer Beobachtungen und Entdeckungen, wie man sie vor ihm nie geahnt, geschweige denn erreicht hatte. Gestützt auf dieses Material, unternahm er zuerst 1802 eine genetische Darstellung des Inhaltes der Welträume. Von den isolirten Sternen aufsteigend, betrachtete er die Doppel= und mehrfachen Sternsysteme, und schritt dann weiter zu den ungeheuren Sammlungen kleiner Sterne, die so verschwenderisch über die Milchstraße ausgestreut sind. Hier glaubte er deutliche Spuren von Streben nach Zusammenhäufung zu erkennen, und nannte sie „haufenbildende Sterne", den Uebergang bezeichnend zu den Sterngruppen und Sternhaufen oder Sternschwärmen. Wenn Sternhaufen in genügende Entfernung vom Beobachter versetzt werden, so müssen selbst für die kraftvollsten Teleskope die einzelnen Lichtpunkte zuletzt ineinander fließen und den Eindruck eines Nebels erzeugen. Auf diese Weise entstehen wahrscheinlich für unsern Anblick die meisten der sogenannten sternigen Nebel, auch einige milchige Nebel mögen auf diese Weise zu Stande kommen. Aber die übrigen Nebel der letztern Art sind gewiß wahre Nebel und, wie Herschel entschieden betont, wahrscheinlich nicht sehr weit von uns entfernt. Die Natur der Nebelsterne erschien Herschel noch in großes Dunkel gehüllt, und er erklärte, daß ganze Zeitalter der Beobachtung verlaufen würden, ehe

wir eine geeignete Ansicht über die physische Natur dieser
Gebilde zu fassen vermöchten.

In der großen und wichtigen Abhandlung von 1811,
in welcher Herschel die ganze Summe seiner Forsch=
ungen über die Nebelflecke niederlegte, ging er den um=
gekehrten Weg wie in derjenigen von 1802. Er begann
mit der untersten Stufe der Entwicklung der chaotischen
Urnebelmaterie, den ausgedehnten, verbreiteten Nebeln,
die duftartig große Strecken des Himmels überziehen,
und welche nur mit äußerster Anstrengung in den kraft=
vollsten Reflectoren gesehen werden können. Auf dieser
Stufe der Ausbildung ist die nebelige Materie durchaus
formlos; sie fällt gegen den Himmelsraum ohne bestimmte
Gränzen ab und zeigt keine symmetrische Gestaltung. Erst
später zeigen sich in diesen Gebilden entschieden hellere
Partien, die Herschel mit Recht auf die Wirkung eines
anziehenden Princips zurückführt. Wenn sich im Laufe
der Zeit in einer sehr ausgedehnten Nebelschicht mehrere
Anziehungsmittelpunkte bilden, so wird das Endresultat
ein Zerfallen der Urmasse in mehrere Bruchstücke sein.
Das ist nach Herschel die Entstehungsursache der mehr=
fachen Nebel. Von besonderer Wichtigkeit zeigen sich in
den kosmogonischen Theorien Herschel's diejenigen Nebel,
welche zu einer mehr oder weniger regelmäßigen runden
Gestalt hinneigen. In dem Maße als diese Nebel regel=
mäßiger und in ihrem äußern Umrisse klarer erscheinen,
verschwindet im Innern auch die Gleichförmigkeit ihres
Lichtes, es tritt ein heller Centralpunkt auf und die
Lichtstärke nimmt vom Rande gegen diesen Mittelpunkt

hin immer mehr zu. Man kann sich unmöglich hierbei
des Gedankens erwehren, daß diese Lichtzunahme von
einer centralen Verdichtung der Nebelmaterie herrührt,
von der ununterbrochenen Wirkung einer „verdichtenden
Kraft", die mit der allgemeinen Anziehung identisch ist.
Der verschiedene Grad der Lichtzunahme gegen den Mittel=
punkt des Nebels deutete auf verschiedene Stärke der
Anziehung oder auf eine ungleich lange Dauer ihrer
Wirksamkeit, auf die Kürze der Zeit während welcher sie
wirkte. Denn in diesem Falle sind, wie Herschel sagt,
Millionen von Jahren vielleicht nur Momente. Bei
manchen runden Nebeln erscheint die Verdichtung gegen
den Mittelpunkt hin soweit fortgeschritten, daß sich hier
eine Art Kern bildet, der nach Herschel in vielen
Fällen eine beträchtliche Aehnlichkeit mit einer pla=
netarischen Scheibe besitzt. Diese Nebel haben sicherlich
schon einen hohen Grad der Ausbildung erlangt, und
man kann annehmen, daß unser Sonnensystem aus einem
solchen Nebel vor unzähligen Millionen Jahren hervor=
ging. Damit ist denn auch der Anknüpfungspunkt gefunden
zwischen den diffusen Nebeln und den intensiv strahlenden
Fixsternen, der Uebergang aus der chaotischen Masse in
die architektonisch geordneten und gegliederten Gebiete,
welche wir Sonnensysteme zu nennen pflegen und deren
einem unsere Erde angehört. Herschel geht übrigens
in seiner genealogischen Aufzählung und Classification
der Nebelgebilde weiter, kommt aber zu dem nämlichen
Ende der Sternbildung aus der Nebelmaterie.

Das sind die Hauptzüge der Untersuchungen William Herschel's über die Nebelflecke und ihre Weltstellung. Sie bleiben für alle Zeiten wichtig durch die Fülle von Material, aus denen sie sich aufbauen und die kühne Genialität, mit welcher ihr Urheber nach streng logischen Schlüssen weit auseinander liegende Erscheinungen mit einander verknüpfte. Die teleskopische Beobachtung der Nebel mit Hilfe kraftvoller Ferngläser, hat seit Her= schel's Tode große und wichtige Fortschritte gemacht; es ist vieles besser begründet, manches modificirt worden, was der große Astronom zu erkennen glaubte. Ich er= innere in dieser Beziehung nur an die merkwürdigen Spiralnebel, wie sie sich in dem Riesenteleskop des vor einigen Jahren verstorbenen Lord Rosse zuerst enthüllten. Der ältere Herschel hat nie ein solches Gebilde wahr= zunehmen vermocht, aber gestützt auf seine kosmogonischen Entwicklungen und auf unvollkommene Beobachtungen hat er ihre Existenz geahnt und bereits im Jahre 1811 Bemerkenswerthes darüber gesagt. Auch bezüglich der Doppel= und mehrfachen Nebel haben sich die Ansichten nach Herschel geklärt, besonders seit d'Arrest diesen Weltkörpern eine größere und andauernde Aufmerksamkeit geschenkt. Schon im Jahre 1862 bemerkte dieser scharf= sinnige Astronom, daß die Zahl der physisch verbundenen Doppelnebel sich auffallend groß herausstelle im Ver= gleiche mit dem Vorkommen von Doppelsternen unter den Fixsternen. Die Anzahl der als vorhanden erkannten Doppelnebel beträgt jetzt über zweihundert. Das schließt jeden Gedanken an eine bloß zufällige Gruppirung, an

eine rein optische Nähe der Nebelpaare aus, und man
ist gezwungen an einen physischen Connex zu denken.
Untersucht man die Ansichten, welche Herschel in
seinen verschiedenen Abhandlungen über die Doppelnebel
ausgesprochen hat, so findet sich in denselben keine Spur
des Gedankens an eine Bewegung der beiden Componenten um einander. Gegenwärtig läßt sich eine solche
aber nicht weiter bezweifeln, und es ist sicher, daß man
in Zukunft die Bahnen von Doppelnebeln um einander
berechnen wird, wie man gegenwärtig die Bahnen von
Doppelsternen berechnet. Leider sind die bezüglichen
Messungen an Doppelnebeln sehr schwierig anzustellen
und entbehren der Schärfe, welcher sich die Doppelstern-
messungen erfreuen. Es ist daher durchaus nicht wunderbar, daß bis jetzt Ortsveränderungen von Doppelnebeln
noch nicht mit Sicherheit nachgewiesen sind. Andeutungen
von solchen Veränderungen der gegenseitigen Stellung,
welche auf eine Umlaufsbewegung hindeuten, liegen aber
doch vor. Ein Beispiel bietet ein merkwürdiger Doppelnebel in den Zwillingen (7 Stunden 16.7 Min. Rectasc.
und 29° 45′ nördl. Decl.). Herschel beobachtete ihn
im Jahre 1785 und fand den Abstand beider Componenten zu 60″. Im Jahre 1827 war er bloß 45″,
1862 sogar nur 28″, und zwischen 1827 und 1862
hatte sich die Stellung der beiden Nebel gegeneinander
um 11½ Grad eines Kreises verändert. Diese Veränderungen, sowohl in der Distanz als in der gegenseitigen
Lage (dem sogenannten Positionswinkel) machen es wahrscheinlich, daß hier eine Umlaufsbewegung der beiden

Nebel um einander statt hat. Wäre die Winkelzunahme
ein durchschnittlicher Werth, so würde sich die Umlaufs=
zeit auf 1100 Jahre stellen, möglicherweise ist sie noch
geringer. Wie dem aber auch immer sein möge, solche
Umlaufsbewegungen von Doppelnebeln von einer ana=
logen Dauer, wie diejenige vieler oder der meisten Dop=
pelsterne, beweisen, daß jene Nebel durchaus unserm
Fixsternsysteme angehören, daß sie wahre Nebelmassen
sind, die nicht jenseits unserer Sternschicht im öden
Oceane des Raumes lagern, sondern vielmehr in unserm
Sternhaufen stehen in verhältnißmäßig geringer Entfer=
nung von uns. Das ist nun auch für die planetarischen
Nebel mehr als wahrscheinlich, sie gehören wie die
Sternhaufen als Partialglieder unserm Verbande an,
haben also neben unserer Sternschicht keine gleichbedeu=
tende Stellung, sondern bloß eine untergeordnete.

Die Spectralanalyse hat für die Untersuchung der
wahren Natur der Nebelflecke ein mächtiges Hilfsmittel
geliefert, das auch da eintritt, wo die bloße Betrachtung
und Messung nicht ausreicht. Entsprechend der ganzen
Seltsamkeit der Nebelgebilde zeigt auch ihr Spectrum
eine überraschende Ausnahme von den wohlbekannten
Spectren der Fixsterne und unserer Sonne. Statt eines
mehr oder weniger lückenlosen, durch dunkle Streifen
abgetrennten Farbenbandes, fand sich das Spectrum des
ersten untersuchten Nebelflecks, zum größten Erstaunen
des Beobachters Huggins (im August 1864), auf
drei leuchtende Linien reducirt. Damit war die Frage
nach der wahren Natur dieses Nebelflecks mit einem

Schlage definitiv entschieden, und Herschel's letzte
Entwicklungen, in denen die gasartige (nebelförmige)
Natur der Nebelflecke erwiesen wurde, fanden die schönste
Bestätigung. Das Licht ergab sich als ausgestrahlt von
einer glühenden Gasmasse.

Huggins wandte seine Aufmerksamkeit besonders
den merkwürdigen planetarischen Nebeln zu. Dieselben
erwiesen sich bei dieser neuen Art von Analyse von sehr
heterogener Natur, oder vielmehr sie zeigten verschiedene
Zustände ihrer Ausbildung, welche nur zum Theile
durch die bloß teleskopische Betrachtung wahrgenommen
werden können. Der planetarische Nebel im Drachen
(Nr. 4373 in J. Herschel's Generalkataloge) ist eines
der am frühesten und vollständigsten untersuchten Gebilde
dieser Art. Herschel hat diesen Nebel am 15. Februar
1786 entdeckt und folgende Beschreibung gegeben: „Die
Scheibe hat einen Durchmesser von 35″ mit einer sehr
schlecht begrenzten Ecke. Nach langer, aufmerksamer Be=
obachtung erscheint ein sehr helles, gut begrenztes Cen=
trum." Huggins fand das Licht dieses Nebels fast
monochrom; das Spectrum zeigte sofort bloß eine Linie.
Wurde aber der Spalt des Spectroskops verengt, so
zeigte sich neben jener in der Richtung zum Violett hin
eine zweite Linie und zuletzt noch eine dritte, welche mit
der Wasserstofflinie F des Sonnenspectrums zusammen=
fällt. In geringer Entfernung zu beiden Seiten dieser
Gruppe von drei Linien, fand Huggins Spuren eines
schwachen Spectrums mit dunkeln Banden und vermuthet,
daß dasselbe von dem Lichte des Kerns herrühre und

letzterer aus glühender flüssiger (oder, was nicht wahr=
scheinlich, festen) Substanz bestehe. Von den wahrgenom=
menen drei Linien coincidirt die eine mit der hellsten
Stickstoff=, die andere mit der Wasserstofflinie II.3, die
dritte (mittlere) hat keinen Vertreter unter den bis jetzt
untersuchten irdischen Elementen. Der merkwürdige, von
Messier 1779 zuerst aufgefundene Nebel im Fuchse,
der nach den Bestimmungen der beiden Herschel 7—8
Minuten im Durchmesser beträgt, ist ebenfalls von
Huggins untersucht worden. Schon vorher hatte Lord
Rosse mittels seines Riesenreflectors den Nebel beob=
achtet und ihn aus sternartigen Lichtpunkten zusammen=
gesetzt gefunden, die mit Nebel gemischt erschienen. Die
hiernach vermuthete sternartige Natur des Nebels hat
sich bei der Prüfung desselben durch die Spectralanalyse
nicht bestätigt. Das Spectrum reducirt sich nämlich auf
eine einzige helle Linie, die der hellsten Stickstofflinie
entspricht. Ein analoges Beispiel zu diesem Falle bietet
der große Orionnebel. Derselbe ist unter allen Nebel=
flecken wohl am häufigsten und genauesten untersucht
worden. Man besitzt etwa ein halbes Dutzend verschie=
dener Karten dieses Nebels, die sich alle auf sorgfältige
und anhaltende Untersuchungen der verschiedenen Theile
desselben stützen, aber trotzdem ist dieses Nebelgebilde
ein geheimnißvoller Gegenstand geblieben, über dessen
wahre Natur die Meinungen beträchtlich differirten. Als
Lord Rosse sein berühmtes Teleskop construirt und
auf den Himmel gerichtet hatte, verbreitete sich auf dem
Continente die Behauptung, dieser herrliche Reflector

habe den Orionnebel in einen ungeheuren Sternenschwarm aufgelöst. Später begnügte man sich mit der Annahme einer partiellen Auflösbarkeit und Humboldt berichtet im Kosmos, daß Lord Roffe den Theil des Nebels um das berühmte Trapez herum in Sternhaufen aufgelöst habe. Diese Behauptung ist eine irrige; vielmehr gelang es erst in den Jahren 1861—1864 dem Observator Hunter verschiedene Theile in der Nähe des Trapezes mit schwach leuchtenden Punkten bedeckt zu sehen. Wenn man das „Auflösung" des Nebels nennen will, so ist derselbe freilich als aufgelöst zu betrachten, aber eine vollständige Zerlegung des einen oder andern Theils des Orionnebels in Sternhaufen, deren einzelne Componenten durchweg deutlich erkannt wurden, hat niemals stattgefunden. Die Spectralanalyse zeigt in dem hellsten Theile des Orionnebels, in der Nähe des Trapezes, die gewöhnlichen drei Linien des Gasspectrums in beträchtlicher Schärfe, entsprechend dem Wasserstoffe und Stickstoffe. Diese beiden Elemente sind also im Orionnebel im Zustande glühender Gase vorhanden und strahlen ihr Licht direct aus, ohne daß dasselbe eine Absorption wie bei den Fixsternen erleidet. Wenn daher die teleskopische Beobachtung das Vorhandensein sternartiger Lichtpunkte angezeigt hat, so kann daraus keineswegs auf einen Sternschwarm geschlossen werden, sondern nur auf die Existenz von ungeheuern, gasförmigen, glühenden Nebelbällen, die sich aus der allgemeinen Nebelmasse abgetrennt haben.

Untersucht man genauer den Grad der Uebereinstimmung zwischen den Angaben des Spectroskops und des Teleskops, so findet man diesen durchaus befriedigend. Diejenigen Nebelflecke, welche durch ihren ganzen Habitus keine Spur von Auflösbarkeit andeuten, zeigen sich auch im Spectroskop entsprechend als glühende Gasmassen; wirkliche Sternhaufen dagegen, deren einzelne Componenten als deutliche Sterne, von jenem stechenden Lichte, welches den Fixsternen eigenthümlich ist, erscheinen, erweisen ihre sternige Natur auch im Spectroskop, sie haben ein continuirliches Spectrum. Das findet z. B. bei dem großen Andromeda-Nebel statt, den Bond in seinem Riesenrefractor in einzelne Sterne zerlegte, deren mehr als anderthalb tausend deutlich erkannt wurden. Lord Oxmantown, der Sohn und Nachfolger des Lord Rosse, hat eine Zusammenstellung der spectroskopischen Beobachtungen seines Vaters und der spectroskopischen Analysen von Huggins gegeben. Hiernach hat man

	continuirliches Spectrum:	Linienspectrum:
Sternhaufen	10	0
Aufgelöste oder zweifelhaft aufgelöste Nebel	5	0
Auflösbare oder zweifelhaft auflösbare Nebel	10	6
Blaue oder grüne nicht auflösliche Nebel	0	4
Keine Andeutung von Auflösbarkeit	6	5

Man ersieht aus dieser Zusammenstellung die vollkommenste Uebereinstimmung zwischen Teleskop und Spectroskop, und erkennt gleichzeitig den ungeheuren

Fortschritt, den unsere Kenntnisse von der physischen Natur der Nebelmaterie des Universums durch das neue Hilfsmittel der Spectralanalyse gemacht hat.

Auch die directe Beobachtung der Nebelflecke hat in der jüngsten Zeit einen beträchtlichen Fortschritt gemacht in der Wahrnehmung der Lichtveränderung einiger dieser Körper. Das erste Beispiel dieser Art bietet ein kleiner Nebel dar, den Hind am 11. October 1852 bei Anfertigung seiner Himmelskarten entdeckte. Er erschien damals in einem 11füßigen Fernrohre sehr lichtschwach, im Januar 1856 aber fand ihn b'Arrest in einem 6füßigen Teleskop ziemlich hell, von da ab nahm er wieder ab, so daß 1862 selbst Lassell's Riesenreflector keine Spur des Nebels erkennen ließ, und bloß noch der große Refractor zu Pulkowa den Nebel zeigte.

Außer diesem sind noch ein zwei andere „variable Nebelflecke" aufgefunden worden.

Das sind alle als veränderlich erkannte Nebel, ja die Veränderlichkeit des einen, den b'Arrest 1862 als variabel bezeichnete, ist noch nicht unzweifelhaft. Es ist nicht wahrscheinlich, daß sich die Anzahl dieser Nebel schnell bedeutend vermehre, aber immerhin bleibt es eine äußerst merkwürdige Thatsache, daß nahe um dieselbe Zeit, in derselben Region des Himmels drei verschiedene Nebelflecke eine beträchtliche Abnahme ihrer Helligkeit zeigten. Darf man unter solchen Umständen an eine gemeinsame Verdeckung dieser Nebel durch eine große, dünne nicht leuchtende Masse denken, welche sich in der Nähe unseres Sonnensystems befindet, und das Licht zweier Nebel für unseren Anblick zum Theil absorbirt? Es ist noch zu früh in dieser Beziehung Theorien auf= zustellen; aber immerhin sind wir schon heute mit einer Reihe merkwürdiger und folgenreicher Thatsachen hin= sichtlich der Natur der Nebelflecke bekannt geworden, welche dereinst die Grundlage zu weiteren sicheren Schlüssen bieten werden über das was William Herschel als den „Bau des Himmels" bezeichnete.

Aus der Vergangenheit unserer Erde.

~~~~~~~~

ॐ

I.

Die Blätter der Menschengeschichte — der man lange genug den ebenso stolzen als falschen Titel „Weltgeschichte" beigelegt hat — zeigen uns, daß es mit dem Leben der Völker geht, wie mit dem Leben des Einzelnen unter der Menge: sie tauchen auf, greifen eine Zeit lang handelnd in den Gang der Begebenheiten ein und sinken dann zurück in das Dunkel des Untergangs. Wo sind heute die Griechen, vor Jahrtausenden das Culturvolk des Abendlandes? Sie sind abgetreten vom Schauplatze der Weltgeschichte, verschwunden, ausgemordet, wie Fallmerayer behauptet. Aehnlich ist es mit vielen anderen und mächtigen Völkern des Alterthums der Fall gewesen, sie sind im Laufe der Jahrhunderte verschollen. In dieser Hinsicht erscheint das Menschengeschlecht der Erde, auf der es wohnt, durchaus unähnlich; die Bühne ist geblieben, aber die Acteurs sind verschwunden. Die Berge, deren in den ältesten geschichtlichen Urkunden gedacht wird, erheben noch heute wie damals ihre Häupter; noch gegenwärtig schlängeln sich die Flüsse, welche die

alte Historie erwähnt, durch die Gefilde, in denen die
Geschichte der Vorzeit sich abspielte. Mehr als dreißig
Jahrhunderte sind verflossen, seit Moses die Kinder
Israels am Fuße des Sinai versammelte, aber die un=
geheure Felsmasse dieses Gebirgs erhebt noch wie damals
ihre wetterfesten Häupter in die Wolken; noch heute wie
zur Zeit der alten Griechen ist der Stromboli eine Leuchte
des tyrrhenischen Meeres und noch heute wie vor drei=
tausend Jahren wälzt der Nil seine schlammig=gelben,
befruchtenden Fluthen ins mittelländische Meer. So er=
scheint das Angesicht der Erde unverändert und nur die
staatenbildende Menschheit in unaufhörlichem Flusse, in
nimmer ruhendem Wechsel. Aber täuschen wir uns nicht!
Nichts ist dauernd als der Wechsel selbst, nichts in der
Schöpfung ist unveränderlich; Himmel und Erde wechseln
unaufhörlich ihren Anblick! Wenn wir diese Veränderungen
nicht gleich zu bemerken vermögen, so liegt dies nur an
der Beschränktheit unserer Sinne. Wer das grünende
Blatt eines Baumes betrachtet, wird während seines
Anschauens sicherlich an demselben keine Veränderung
wahrnehmen und dennoch findet eine solche statt, sie wird
freilich erst innerhalb eines größern Zeitraumes bemerklich.
Aehnlich verhält es sich mit den Veränderungen der Erd=
oberfläche; um sie wahrzunehmen, bedarf es oft eines
Zeitraumes von Jahrtausenden.

Die Bibel gibt uns über die geologischen Processe
der ersten Zeit keinen Aufschluß.

Ein anderes Buch ist es, auf welches die Wissen=
schaft sich beruft. Vor ihren Augen liegt das große

Buch der Natur aufgeschlagen, in welchem mit gewaltigen
Charakteren die Entwicklung der Erde eingeschrieben ist.
Und dieses Buch lügt nicht! Zwar, die Menschheit war
nicht immer im Stande dieses Buch zu lesen, sie mußte
erst die Sprache erlernen, in welcher es geschrieben ist.
Wie schwierig aber ein solches Lernen ist, begreift Jeder
leicht, wenn er bedenkt, daß hier Lehrer und Schüler in
einer Person vereinigt waren und auch gegenwärtig noch
sind. Wen darf es unter solchen Verhältnissen wundern,
daß es erst spät — nämlich in der neuesten Zeit —
gelang, die Sprache des Buches der Natur zu verstehen;
daß dem wissenseifrigen Forscher, besonders im Anfange,
gar manche und recht unangenehme Irrthümer passirten;
daß überhaupt auch heute noch manches wichtige Kapitel
in dem besagten Buche ungelesen bleibt — weil man's
eben noch nicht lesen kann!

Wenn der Naturforscher so ganz offen eingesteht, daß
er zur Zeit noch in sehr vielen Punkten unwissend oder
von schweren Zweifeln befangen ist, so betont er auf der
andern Seite aber nicht minder, daß er auch bereits eine
gewaltige Menge von Thatsachen richtig erkannt hat und
speciel, bezüglich der Geschichte der Erde, daß er sie in
großen Zügen enträthselt hat. Nur Einzelnheiten sind
hier noch nachzutragen, im Rohen steht der große Bau
vollendet da und besonders seine Fundamente liegen
sehr sicher.

Man hat der Naturwissenschaft, besonders der Geologie, häufig den Vorwurf gemacht, daß sie in ihren
Resultaten nicht auf die Schöpfung der Erde durch ein

allmächtiges Wort komme, und man hat daraus weiter gefolgert, daß die Naturwissenschaft im Irrthume sei und umkehren müsse. Dergleichen Einwürfe sind ganz thöricht. Die Naturwissenschaft kann auf ihrem Gebiete gar nicht bis zu einer Schöpfung der Erde durch den Willen der All= macht vordringen, weil sie eben innerhalb der Natur stehen bleiben muß. Die Naturwissenschaft muß die Natur als etwas Gegebenes betrachten und sie untersucht dieselbe innerhalb der Grenzen ihres Daseins. Darüber hinaus geht kein Naturforscher.

Die Geologie verfolgt die Entwicklung der Erde Schritt um Schritt bis zu dem Punkte, in welchem sie eben die Umstände zwingen, Halt zu machen. Dies findet statt bei einem Zustande unsers Weltkörpers, in welchem er eine chaotische, heiß=flüssige Kugel war. In diesem Stadium bildete die Erde einen Ball, der alle Stoffe, die sie heute aufweist, in geschmolzenem Zustande enthielt. Daß dieser Zustand nicht bloß etwa in der Einbildung der Naturforscher existirte, sondern wirklich stattfand, ist gegenwärtig nicht mehr zweifelhaft, wenngleich ich hier alle Gründe, die dafür zeugen, nicht aufzählen kann. Ich will jedoch auf einen Umstand aufmerksam machen, den man schon lange als Argument für den voreinstigen weichen oder flüssigen Zustand des ganzen Erdballs be= trachtet hat. Die Erde ist nämlich keine vollkommene Kugel, sondern vielmehr an den Polen abgeplattet oder auch, wenn man will, am Aequator wulstartig ange= schwollen. Dies dem Zufalle zuzuschreiben, wäre sehr un= logisch, um so mehr als auch andere Weltkörper Aehnliches zeigen. Die ganze Thatsache erklärt sich aber vollkommen ungezwungen, wenn wir annehmen, daß die Erde ursprünglich gänzlich weich war und daß die Abplattung in diesem weichen Zustande durch die Umdrehung unsers Planeten erfolgte. In der That, wenn man durch eine Kugel von feuchtem Lehm einen Stift steckt und die Kugel mittels des Stiftes in rasche Umdrehung versetzt, so plattet sie sich an den Umdrehungspolen ab und diese Abplattung wird um so beträchtlicher, je schneller die Umdrehung erfolgt. Unsere Erde dreht sich nicht sehr rasch um ihre Axe und in Folge dessen ist auch ihre Abplattung nur gering; sie beträgt $\frac{1}{289}$ des größten Durchmessers. Andere Weltkörper, z. B. Jupiter drehen sich, obgleich bei weitem größer als unsere Erde, viel rascher um ihre Axe und sie haben in Folge dessen auch eine ungleich größere Abplattung als diese. Es ist also schon aus dem hier besprochenen Grunde nicht weiter zweifelhaft, daß die Erde in nebelgrauer Vorzeit weichflüssig war; und daß dieser weiche Zustand durch Hitze und nicht etwa durch Wasser bedingt wurde, ist klar, wenn man bedenkt, daß es hierzu weder genug Wasser auf der Erde gibt, noch auch alle Stoffe sich in diesem auflösen.

Es ist klar, daß damals kein lebendiges Wesen die Erde bewohnen konnte; sie war vielmehr ein wildes Chaos, der Tummelplatz feuriger Gewalten. Die Atmosphäre war in hohem Grade erhitzt und enthielt eine Menge von Gasen, vielleicht in glühendem Zustande, die wir heute glücklicher Weise in ihr vermissen. Dieses Bild

vom Urzustande unserer freundlichen Erde ist sicherlich
kein einladendes, aber es ist ein richtiges, das nur an
dem Fehler leidet, nicht grell genug ausgemalt zu sein.
Denn Alles, was wir heute Furchtbares und Schrecken
Erregendes an einzelnen Punkten unseres Weltkörpers
beobachten mögen; die Ausbrüche der Vulcane, der Feuer=
pfuhl auf Hawai, Erdbeben, Meereseinbrüche und der=
gleichen, es verschwindet vor jenem Zustande, in welchem
der ganze Erdball ein Gluthenmeer war! Aber mit
der Zeit änderte sich das. Die Hitze strahlte aus, die
jugendliche Gluth der Erde kühlte sich ab, es traten ge=
müthlichere Zustände ein. Zwar auch diesen war sicherlich
Anfangs nicht zu trauen, denn die feste Kruste, mit der
sich der Erdball endlich bedeckte, war nothwendig in der
ersten Zeit dünn und schmolz zeitweise hier und da wieder
ein; aber nach und nach consolidirten sich die Zustände,
es bildete sich eine kühle Rinde um das glühende Herz
unsers Planeten, und als diese Rinde tauglich war,
lebendige Wesen zu tragen und zu erhalten, da erhielt
sie dieselben. An Menschen darf man freilich hierbei nicht
denken, denn diese kamen zuletzt und sogar sehr spät;
aber die Pflanzen und Thiere, welche vor uns sich auf
der Erde herumtummelten, waren in jeder Beziehung
merkwürdig genug. Viele derselben übertreffen an Größe,
an Seltsamkeit der Gestalt, weitaus die Fabelwesen, welche
im Gehirne der Dichter entsprungen sind, und beweisen
wiederum, wie armselig unsere Einbildungskraft neben
den Schöpfungen der großen Natur ist.

Viele Tausende dieser Geschöpfe sind von der Wissen=

schaft aus den Gräbern, in welchen sie so lange ruhten,
wieder ans Tageslicht gezogen worden; ihre versteinerten
Ueberreste hat man gesammelt, genau studirt und das
Geschöpf von ehemals nach seinem Knochenbaue wieder
hergestellt. Es ist merkwürdig, daß alle diese organischen
Wesen um so mehr von den gegenwärtig auf der Erde
Lebenden abweichen, je älter sie sind, d. h. in je früherer
Zeit sie lebten. Sehen wir uns z. B. so einen versteinerten
Krebs aus dem alten rothen Sandsteine von Schottland
an. Es ist ein kolossaler Kerl von 2 bis 3 Fuß Länge,
halb Krebs, halb Fisch. Seine ungeheuren Scheeren sind
fischkieferartig gezahnt und seine Schale ist merkwürdig
geschuppt. Aber er hat noch einen Verwandten, gegen
den er sich wie ein Kind ausnimmt, es ist der 7 Fuß
große „problematische Pterigotus" (Pterygotus proble-
maticus), von dem man in Schlesien Ueberreste gefunden
hat. Aus der damaligen Zeit, der Periode der devonischen
Ablagerungen, sind überhaupt nur Wirbelthiere der
unteren Klassen bekannt, meist Fische, ein Beweis, daß
das Meer damals alle diejenigen Theile des Festlandes
bedeckte, wo wir heute die besagten Ueberreste finden.
Diese Fische sind noch dazu von so merkwürdiger Gestalt,
daß man sich unwillkürlich fragt, wie solche Monstra nur
schwimmen konnten. Da haben wir zuerst den Flügel=
fisch, ein Thier, das beinahe wie ein gepanzerter
Schellfisch aussieht, dem man zwischen Kopf und Rumpf
beiderseits eine halbe Krebsscheere angefügt hat. Nur der
spitzzulaufende Schwanz war nicht gepanzert, sondern
mit dachziegelförmigen Schuppen besetzt. Es unterliegt

wohl keinem Zweifel, daß die Stacheln oder Arme dem Thiere nicht allein als Bewegungsorgane, sondern auch als wirksame Waffen zum Angriffe oder zur Vertheidigung dienten.

In einer darauf folgenden spätern Periode der Erdentwicklung, der sogenannten Steinkohlenzeit, finden wir von den im Vorhergehenden genannten Thiere keine Exemplare mehr am Leben, sie sind ausgestorben, unter Schutt und Trümmern begraben und liegen hier gewissermaßen für die naturhistorischen Museen des 19. Jahrhunderts conservirt. Dafür sehen wir in der Steinkohlenzeit eine ganz neue, umgewandelte Welt organischer Wesen vor uns. Die Steinkohle ist bekanntlich vegetabilischer Natur und die ungeheuren Lager dieses schwarzen Bruders vom weißen Diamant stammen eben aus der Steinkohlenzeit. Damals war das Festland von ungeheuren, finstern Wäldern bedeckt, die Atmosphäre warm und feucht, so daß die Pflanzenwelt in üppigster Fülle gedeihen konnte. Stürme, Alter, Ueberschwemmungen, Hebungen und Senkungen des Bodens und dergleichen, begruben viele jener Wälder unter dem Boden und im Laufe einer sehr langen Zeit wurde aus jenen Baumstämmen unsere heutige Kohle. Noch gegenwärtig erkennt man bisweilen in den Kohlengruben deutlich die Gestalt der ehemaligen Stämme, ja manche der letzteren stehen wie ungeheure Steinsäulen aufrecht in den Kohlenflözen. Sie werden von den Grubenarbeitern Kohlenpfeifen genannt und sehr gefürchtet, denn nicht selten sinken sie beim Abbau der Flöße herab und tödten oder beschädigen den in der Nähe beschäftigten Arbeiter.

Die Wälder der Steinkohlenzeit wurden von einer zahlreichen und überaus merkwürdigen Thierwelt bewohnt. Es sind hauptsächlich Amphibien, die hier ihr Wesen trieben. Wir begegnen in der Kohle zuerst den großen gepanzerten Eidechsen oder Sauriern, deren Nachkommenschaft sich allen Erdrevolutionen zum Trotz bis zum heutigen Tage im Crocodil und Alligator, diesen gefräßigen Scheusalen, erhalten hat. Wie gesagt, diese robusten, gefräßigen, stumpfsinnigen Gesellen finden wir zuerst in den Ablagerungen der Kohlenperiode. Sie sind indeß hier im Allgemeinen noch von kleineren Dimensionen und erinnern in vielfacher Beziehung an den Typus der Fische. Aber in den folgenden Entwicklungsstadien der Erde sehen wir diese scheußlichen Ungeheuer beträchtlich gewachsen an Zahl, Größe und Kraft. Es ist nicht wahrscheinlich, daß ihnen ein anderes Thier widerstehen konnte. Die Hauptentwicklung der Saurier fällt in die Jurassische Periode. In ihren Schichten finden wir diese Amphibien in allen möglichen Formen und Größen, die Erde wimmelt förmlich von ihnen. Nur einige der Saurier können hier speciel erwähnt werden. Unter ihnen verdient der von Buckland entdeckte riesenhafte Megalosaurus die erste Stelle. Er bewegte sich vorwiegend auf dem festen Lande und wahrscheinlich nicht zum Vergnügen der übrigen Thiere, welche diesem 50 Fuß langen Drachen sicherlich keinen Widerstand leisten konnten. Sein nächster Verwandter, der vielleicht noch größere Iguanodon, dessen

Knochen man in ungeheurer Menge auf den britischen Inseln fand, war dagegen mehr harmloser Natur, denn wie die Ueberreste seiner abgekauten Zähne zeigen, scheint das Thier ausschließlich mit Pflanzenkost fürlieb genommen zu haben. Wie überall, haben aber auch hier die Fleischfresser die Pflanzenfresser überlebt.

Die Meere der Liasperiode wimmelten von den furchtbaren Fischsauriern, den Ichthyosauriern, Riesengeschöpfen, die an Gefräßigkeit und überhaupt in ihrer ganzen Lebensweise unseren Haifischen sehr ähnelten, sie aber an Kraft und Unverwundbarkeit weit übertrafen. Schon der erste Entdecker von Ueberresten dieses Thieres, erklärte es, vor 120 Jahren, für nahe verwandt dem Hai. Der Schädel erreicht eine enorme Größe, fast ein Fünftel des ganzen Körpers, und endigt vorn in eine lange Schnauze, die mit zahlreichen, kegelförmigen Zähnen besetzt ist. Der furchtbar kräftige Bau des Kiefers läßt nicht im Zweifel darüber, daß Alles, was das Thier erfaßte, unfehlbar zermalmt wurde. Eine enorme Größe besaßen die Augen, sie nehmen fast ein Fünftel der Schädellänge ein und erscheinen von dicken Knochenplatten umrahmt. Die Wirbelsäule ist, dem ganzen Baue entsprechend, außerordentlich kräftig und die Zahl der Wirbel beträgt fast anderthalbhundert. Nach hinten endigte die Wirbelsäule wahrscheinlich in eine mächtige, senkrecht stehende Schwanzflosse und der ganze gewaltige Körper ruhte auf vier kräftigen Füßen, die mit einer Flossenhaut überzogen waren. Häufig findet man zwischen den versteinerten Rippen dieser voreinstigen Ungeheuer schwarze Massen, aus denen sich ohne Mühe die Schuppen eines häringartigen Fisches, sowie die Dintenbeutel einer sepienartigen Molluske, heraus lösen lassen; in anderen Fällen zeigte sich, daß die Thiere gelegentlich selbst einander auffraßen. Die Größe dieser Saurier betrug 20 bis 25 Fuß. Der **Plesiosaurus**, von dem man bisher bloß in England Ueberreste gefunden hat, unterscheidet sich in merkwürdiger Weise von seinem oben beschriebenen Vetter. Hat dieser letztere nämlich einen großen mächtigen Schädel, der ohne eigentlichen Hals gleich dem kolossalen Rumpfe angefügt ist, so zeigt der Plesiosaurus dagegen einen langen, schwanenartigen Hals und einen kleinen Kopf. In England verglich man darum das Thier recht bezeichnend mit einer durch eine Schildkröte gezogenen Schlange. Die Länge dieses Thieres betrug in einzelnen Exemplaren mehr als 11 Fuß. Es schwamm auf dem Wasser und sein langer, kräftiger, aber doch beweglicher Hals konnte ihm bequem zum Ergreifen der Beute dienen. Auf geologischen Phantasiebildern erblickt man bisweilen den Ichthyosaurus mit dem Plesiosaurus in erbittertem Kampfe. Möglich, daß solche Kämpfe zwischen beiden Ungeheuern stattgefunden haben, der Plesiosaurus wird darin aber wohl jedesmal unterlegen sein, denn er war im Ganzen weit schwächer als der andere Saurier.

Die Flugsaurier oder Pterodactylen werden gewöhnlich mit den vorgenannten zusammen erwähnt. Sie waren indeß keineswegs von der kolossalen Größe jener Land= und Wassersaurier, doch hat man allerdings in

der Nähe von Cambridge Halswirbel dieser Thiere auf=
gefunden, welche auf eine Spannweite der Flügel bis
zu 20 Fuß hindeuten. Die äußere Gestalt erinnert in
vielfacher Beziehung an eine Flebermaus, aber die spitzen,
von Erfaßzähnen begleiteten Zähne der Kiefer verrathen
den Saurier, auch die Augenhöhlen sind, wie bei diesen,
von Knochenplatten umgeben. Die Finger der Arme er=
scheinen mit starken Krallen bewaffnet und der letzte ist
außerordentlich, um das Vier= bis Fünffache, verlängert.
Wahrscheinlich diente dieser lange Finger zur Befestigung
einer Flughaut, die beiderseits zwischen den vorderen und
hinteren Gliedmaßen ausgespannt war. Sicherlich aber
konnten die Thiere nur ziemlich unvollkommen fliegen
und die starken Krallen an ihren Fingern oder Zehen
dienten jedenfalls dazu, um sich an erhöhten Stellen
festklammern zu können, wie dies die Flebermäuse mit
den Daumen zu thun pflegen.

Ich muß hier von den Sauriern schließen, obgleich
über diese merkwürdigen Geschöpfe sich noch viel In=
teressantes sagen ließe; aber die Reihe der organischen
Bildungen, welche in der Erdgeschichte auftraten und
die man gegenwärtig kennt, ist so ungeheuer, daß der
Raum mangelt, um auch nur einige der wichtigsten Er=
scheinungen zu besprechen.

Schon oben wurde hervorgehoben, daß in den
Epochen, welche hier besprochen werden, Meeresthiere an
Orten lebten, wo heute Festland ist und daß also damals
hier das Meer fluthete. Ueberhaupt ist die gegenwärtige

Vertheilung von Land und Wasser auf der Erdoberfläche, mit dem Maßstabe des Geologen gemessen, nur von sehr jugendlichem Datum. Zur Zeit, als die ersten Saurier lebten, existirte die Gestalt der heutigen Festländer noch ganz und gar nicht. Die mächtigen, scheinbar für eine Ewigkeit gebauten Felsmassen der asiatischen, amerikanischen und europäischen Hochgebirge, des Himalaya, der Cordilleren und Alpen, waren noch nicht vorhanden. Es ist ein großer, wenn gleich allgemein verbreiteter Irrthum, zu glauben, die mächtigsten und höchsten Gebirge unserer Erde seien deßhalb auch die ältesten oder überhaupt nur sehr alt. Die Geologie lehrt mit Gewißheit, daß sie vielmehr jung sind und den letzten Epochen der Erbentwickelung angehören. Zur Zeit der Juraperiode war von unseren Alpen noch keine Spur vorhanden; Rhein, Mosel, Elbe, Oder, Donau, überhaupt alle mitteleuropäischen Flüsse, existirten noch nicht; dafür bildete der Boden des heutigen Englands das Delta eines ungeheuren Flusses, von dessen Quelle und Verlauf wir nichts wissen. Er ist heute längst verschwunden und nur gewisse Formationen, Anschwemmungen durch Süßwasser an gewissen Punkten, Englands, beweisen uns seine voreinstige Existenz.

Die nächste ausgedehnte Formation ist die Kreidebildung; ihr gehört unsere weiße, zum Schreiben benutzte Kreide an, wenn gleich man nicht glauben darf, daß sie den Haupttheil der ganzen Formation bilde. Die weiße Kreide besteht aus den Panzern mikroskopisch kleiner Meerthierchen, sogenannter Foraminiferen; sie hat sich auf dem Grunde des Meeres gebildet oder abgelagert, und consequenterweise müssen wir annehmen, daß da, wo wir heute diese Formation in mächtiger Erstreckung auftreten sehen, einst das Meer fluthete. Die Kreide= bildung ist nun sehr ausgedehnt; man trifft sie im nördlichen England, in Norddeutschland, in einigen Theilen der Niederlande und Frankreich, sowie in größter Erstreckung im mittlern Rußland. Man hat Karten entworfen, auf denen man die voreinstige Erstreckung des „Kreidemeeres" angegeben sieht. Nach dem Gesagten wird Niemand sich dieses Kreidemeer so vorstellen, als sei es ein Ocean, in welchem die Kreide geschlämmt oder in großen Brocken herum= schwamm, sondern dieses Kreidemeer war eben ein ge= wöhnliches Meer, in welchem sich die Kreide durch den Lebensproceß der Foraminiferen bildete. Das Gleiche findet heute noch im Atlantischen Oceane statt, und sollte derselbe in einer sehr fernen Zeit aus der einen oder andern Ursache einmal trocken gelegt werden oder sollten sich große neue Inseln aus demselben erheben, so würden wir auch hier der Kreideformation begegnen. Von Thieren weist die Kreideformation, wie auch ihrer Entstehung nach nicht anders zu erwarten, Meeresbewohner auf, besonders zeigen die Saurier durch zahlreiche neue Ge= stalten, daß es ihnen damals sehr wohl erging. Haifisch= zähne kommen in der Kreideformation sehr zahlreich vor und beweisen, daß dieses Räubergeschlecht auch schon damals seinem blutigem Handwerke oblag. Ueberreste von Landsäugethieren sind dagegen aus der Kreide nicht bekannt. Pflanzenreste kommen hier nur sehr selten vor.

Wie lange die Kreideperiode dauerte, weiß man nicht; jedenfalls aber umfaßt sie einen ausgedehnten Zeitraum und zwar für die eine Gegend von längerer, für die andere von kürzerer Dauer. Ihr lagern Schichten auf, welche man allgemein als tertiäre Bildungen zu bezeichnen pflegt. Sie sind sehr mannigfaltig und mehr oder weniger localisirt, gewissermaßen in Becken abge= lagert, vor Allem merkwürdig durch die zahlreichen Ueberreste von Säugethieren, die sämmtlich heute längst ausgestorben sind. Die untersten Tertiärschichten enthalten reiche Lager von Braunkohlen, die wie die älteren Steinkohlen ebenfalls pflanzlicher Natur sind. Auch Bitumen oder Erböl (Petroleum) entquillt in ungeheuren Massen diesen Schichten an verschiedenen Orten der Erd= oberfläche. In der Braunkohlenformation hat man die Ueberreste eines gewaltigen Thieres entdeckt, dem der französische Naturforscher Cuvier den Namen Paläo= therium beilegte. Es hatte äußerlich fast ganz das An= sehen unsers heutigen Tapirs, war aber bei weitem größer, einige Arten desselben übertrafen sogar an Höhe unser Pferd. Ein College des Paläotheriums war das Anoplotherium, eine Art Wiederkäuer von der Größe unsers Esels. Bemerkenswerth ist auch noch das Zeug= lobon, ein Walthier, dessen Ueberreste in ungeheurer Menge in einigen Staaten Nordamerika's gefunden werden. Das Thier muß mindestens 60 Fuß lang . gewesen sein, ja, der Erste, welcher Skelettheile desselben

12 *

nach Europa brachte, ein gewisser A. Koch, hatte den
industriösen Gedanken, aus mehreren Skeletten ein ein=
ziges, ungeheures Monstrum zusammenzusetzen, indem er
dachte: mit der Größe wächst das Interesse. Und der
Deutsch=Amerikaner hatte nicht unrichtig speculirt! Stau=
nen und Verwunderung und viel Zeitungsgeschrei gingen
allenthalben vor seinem „Hydrarchus" einher, und als
er mit dem Kunstproducte nach Berlin kam, mußte es
die dortige Akademie auf Befehl des Königs Friedrich
Wilhelm IV. für einen so hohen Preis ankaufen, daß
unser Koch für alle fernere Zeit des mühevollen Hand=
werks, fossile Thierknochen auszugraben, überhoben ward.
Später hat sich der berühmte J. Müller viel mit dem
Monstrum beschäftigt und nach Möglichkeit die Ver=
besserungen, welche Hr. Koch an dem Skelette angebracht,
beseitigt; dadurch wurde das Thier auf 60 Fuß Länge
reducirt — immer noch ein kolossales Geschöpf!

Die hier genannten Thiere sind heute alle ausge=
storben und viele andere Arten dazu, von denen wir
nur unvollkommen Kenntniß besitzen. Dagegen gibt es
unter den versteinerten Muschelthieren aus dieser Periode
gewisse Arten, die mit heute noch lebenden überein=
stimmen. Wir begegnen also hier der Morgenröthe der
heutigen Thierfauna und mit Rücksicht darauf ist dieser
ganzen Entwickelungsperiode der Erde der Name eocene
Periode beigelegt worden. Ihre Schichten sind von
anderen überlagert, welche noch mehr Uebereinstimmung
zwischen ihren Muschelarten und den gegenwärtig leben=
den aufweisen, sie werden miocene Formationen

genannt; darauf folgen die pliocenen und pleisto=
cenen Bildungen, letztere sind die jüngsten und
werden auch als Diluvium bezeichnet, während die
gegenwärtigen durch Fluß= und Meeresabsätze erzeugten
Bildungen, die Sand= und Lehm=Ablagerungen, Allu=
vium genannt werden.

Mit schnellem Sprunge haben wir hier den breiten
Zeitstrom übersetzt, welcher zwischen der Ablagerung der
eocenen Bildungen und der Gegenwart — wozu wir
immerhin das ganze Auftreten des Menschen in der
Geschichte rechnen dürfen — hinfließt. Aber es ist viel=
leicht eine ungeheuer lange Zeit verronnen, seit jener
Epoche bis zum heutigen Tage! Eine große Anzahl von
Thieren hat während dieser Periode gelebt und ist aus=
gestorben, die Gestalt des Festlandes hat sich mannigfach
verändert, in Europa erhoben die Alpen ihre mächtigen
Häupter in die Wolken und erst nachdem diese gewaltige
Gebirgswelt entstanden war, konnten die Flüsse, die ihr
heute nach allen Himmelsgegenden hin entfließen, ihren
Ursprung nehmen. In der miocenen Zeit herrschte auf
der nördlichen Erdhalbkugel ein tropisches Klima, bis
in die Nähe des heute von Eis umpanzerten Nordpols
gediehen der Lorbeer und die Palme. Auf dem gegen=
wärtig so öden Spitzbergen wuchsen in tropischer Ueppig=
keit Eichen= und Buchenwälder, Platanen und Linden;
auch Grönland war damals ein wahrhaft grünes Land.
Mit der Zeit änderte sich das allerdings. Die schönen,
sonnigen, warmen Jahrhunderte gingen vorüber und es

entstand eine große Kälte. Es mag romanhaft klingen
dieses Eintreten der Kältezeit für unsere ganze Erdhälfte,
nachdem zuerst ein so warmes Klima hier geherrscht;
aber die Thatsache ist unbestreitbar. Die Kälteperiode
oder die Eiszeit, wie man sie nennt, hat ihre Spuren
ebenso unvertilgbar hinterlassen, wie die Periode ¦großer
Wärme. Es hat freilich recht lange gedauert, ehe man
diese Spuren zu deuten verstand. Die zahllosen Fels=
trümmer, auch Irr= oder Wanderblöcke genannt, welche
über die ganze norddeutsche Ebene bis weit nach Ruß=
land hinein zerstreut liegen, stimmen ihrer Beschaffenheit
nach ganz mit den Gesteinen der skandinavischen Gebirge
überein, so daß es weiter keinem Zweifel unterliegt, daß
sie von dort herstammen. Nur über die Art und Weise,
wie sie von da ausgegangen und über die angegebene
weite Fläche zerstreut wurden, hat man sich lange den
Kopf zerbrochen ohne zu einem annehmbaren Resultate
gelangen zu können. Endlich hat sich die Sache dahin
geklärt, daß es Eismassen waren, welche jene Blöcke
transportirten. Norddeutschland lag zur Eiszeit größten=
theils unter Wasser, Skandinavien war ganz vereist,
eine Art Grönland, wo ungeheure Gletscher von den
Küsten ins Meer herabhängen. Diese Gletscher brachen
an ihren unteren Enden häufig in gewaltigen Brocken ab
und gaben dadurch Veranlassung zur Entstehung von
Eisbergen. Noch heute kann man in der Davisstraße im
arktischen Amerika solche Eisberge sehen, welche, mit
Schutt und Steinen beladen, manchmal auch Eisbären

und Polarfüchse tragend, gegen Süden schwimmen, bis die Sonne das Eis schmilzt und die bis dahin getragene Last auf den Meeresboden herabsinkt. Wenn einst der nordwestliche Theil des atlantischen Oceans trocken liegen sollte, so wird man dort ganz ähnliche Irrblöcke ausgestreut finden, wie auf unserer norddeutschen Ebene.

II.

Die Irrblöcke Norddeutschlands und Rußlands sprechen laut für die Existenz einer ehemaligen Eiszeit, aber ihr Zeugniß ist nicht das Einzige. Aufmerksame Beobachter haben die heutigen Gletscher, besonders der Schweiz, genau untersucht und gefunden, daß dieselben sich in merkwürdiger Bewegung befinden, gleichsam als wenn die ungeheuren Eismassen, aus denen sie bestehen, sich in dickflüssigem Zustande befänden. Die Gewalt, mit welcher dieses „Fließen" des Gletschers stattfindet, ist ungeheuer, nichts vermag ihr Widerstand zu leisten. Felsbrocken, die ihr im Wege stehen, werden thalabwärts mitgeführt; andere Gesteine, die unter das Eis gerathen, werden von diesem mit so ungeheurer Gewalt über das felsige Bett, in welchem der Gletscher fließt, gerieben, daß lange Furchen entstehen und das Gestein wie ge= hobelt erscheint; andere Felsen werden durch das Gletscher= eis polirt u. s. w. In sehr nassen und kühlen Jahren dehnen sich die Gletscher weit thalwärts aus, sie rücken vor und transportiren dabei auf ihrem Rücken Steine

und Schutt, schieben auch große Gesteinmassen vor sich
her. Die Steintrümmer und Schuttwälle werden Mo=
rä n e n genannt und sie sind Jedem entweder durch den
Augenschein oder wenigstens aus Abbildungen von Gletschern
der Schweiz bekannt.

Die Gletscher also bilden solche Moränen und nehmen
sie bei ihrer Bewegung thalabwärts mit. Schmilzt aber
das untere Ende des Gletschers zusammen, zieht er sich,
wie dies in trocknen, warmen Jahren der Fall ist, zurück,
so kann er natürlich die Schutt= und Steinwälle nicht
ebenfalls mit zurücknehmen, diese bleiben vielmehr liegen
und können bei ihrer Massenhaftigkeit, wodurch sie leicht
der Zerstörung entgehen, noch nach vielen Jahrhunderten
beweisen, wie weit der Gletscher voreinst thalwärts hinaus=
gerückt war. Selbst wenn ein solcher Gletscher im Laufe
der Zeit ganz zusammenschmelzen und verschwinden sollte,
so würden doch die von ihm hinterlassenen Moränen, die
gefurchten und polirten Felsmassen ꝛc. seine einstige An=
wesenheit mit großer Sicherheit anzeigen. Auf diese Weise
hat sich in der That ergeben, daß in einer gewissen
Periode der Diluvialzeit die Gletscher der Alpen weit
über ihre heutigen Grenzen ausgedehnt waren, ja daß
die ganze Schweiz ein ungeheures Eis= und Gletscherfeld
bildete, wie heute etwa das Innere von Grönland. Auch
die Vogesen, der Schwarzwald, die Pyrenäen, ja selbst
unser norddeutscher Harz war von riesigen Gletschern
bedeckt. Von den Gebirgen Englands und Norwegens gilt
selbstverständlich das Gleiche und auch in Nordamerika
hat man die Spuren ehemaliger Anwesenheit von

Gletscheru gefunden, wo heute solche überhaupt nicht vorhanden sind. Es herrschte damals eine allgemeine **Eiszeit**, wenigstens in dem größten Theile unserer Hemisphäre. Diese Thatsache steht fest, ja die geographische Vertheilung der Thier= und Pflanzenarten beweist sie ebenfalls. Als nämlich die große Kälteperiode sich mehr und mehr in den sonst gemäßigten Klimaten ausbreitete, mußten die dort lebenden organischen Wesen, welche nicht in wärmere Gegenden auszuwandern vermochten — und selbst Pflanzen thun dies — nach und nach untergehen und ihre Stelle nahmen solche Thiere und Pflanzen ein, welche gegenwärtig nur in nordischen Gegenden vor= kommen. Als die Eiszeit ihr Ende erreichte, zogen sich die Organismen der Ebene mehr und mehr gegen Norden zurück, diejenigen des Gebirgs aber starben am Fuße desselben nach und nach aus und vermochten sich nur in derjenigen größern Höhe zu erhalten, wo es eben noch hinreichend kalt war. Und so finden wir heute auf den Gipfeln unserer höchsten vaterländischen Gebirge, der Sudeten, des Riesengebirgs 2c. Pflanzen gewissermaßen wie versprengte Flüchtlinge, deren Hauptverbreitungs= sphäre hoch oben in Skandinavien ist. Früher zerbrachen sich die Naturforscher viel den Kopf darüber, wie jene kleinen Pflanzenkolonien auf diese Bergspitzen gekommen seien, hundert Meilen von ihrer Heimath entfernt; wir sehen nun freilich klar, wie unter Vermittlung der Periode großer Kälte die Sache vor sich gegangen ist.

Wann fand die Eiszeit statt? Wie bemerkt, fällt sie in die Diluvialzeit, eine der allerjüngsten Perioden

der Erdentwickelung; verlangt man aber die Zahl der
Jahre zu wissen, um welche sie hinter dem heutigen Tage
liegt, so läßt sich darüber etwas Sicheres zur Zeit noch
nicht geben. Noch vor nicht gar langer Zeit waren manche
Naturforscher der Meinung, die Eiszeit liege mindestens
Hunderttausende von Jahren hinter der Gegenwart, und
diese Ansicht erregte um so größeres Aufsehen, als man
damals schon gefunden hatte, daß zur Eiszeit Menschen
lebten. Diese Ansicht von dem enormen Alter der Eiszeit,
überhaupt der jüngsten diluvialen Perioden, muß gegen=
wärtig aufgegeben werden, sie war auch niemals eine
wissenschaftlich sanctionirte Lehre, sondern eine Privat=
meinung einzelner Gelehrten. Ich bemerke dies aus=
drücklich, damit nicht der eine oder andere Leser zu dem
Glauben verleitet werde, die Wissenschaft beruhe über=
haupt auf so unsicherm Boden, daß sie heute dies und
morgen das Entgegengesetzte für wahr und richtig aus=
gebe. Also, bezüglich des Alters der Eiszeit hat sich
heute die Meinung mehr und mehr festen Boden erkämpft,
daß wenigstens die letzten Zeiten dieser Kälteperiode noch
in die historische Epoche hineinfallen. Keine einzige That=
sache beweist, daß die Menschen, welche in der Vorzeit
in den Wäldern Mitteleuropa's das Renthier, das ge=
waltige Rhinoceros oder das ungeheure Mammuth jagten,
vor den Tagen der Blüthe babylonischer und ägyptischer
Cultur lebten. Früher hat man von der Anwesenheit
dieser Jägernomaden der Vorzeit in Mitteleuropa über=
haupt nichts gewußt. Man durfte zwar immer mit Fug
und Recht annehmen, daß vor viertausend Jahren unser

Erdtheil nicht unbewohnt gewesen sei, aber Beweise zu
einer solchen Annahme lagen keine vor. Wirklich alte
Menschenüberreste hatte man bis dahin nicht entdeckt.
Zwar der alte Scheuchzer wollte im Jahre 1726
in den Oeninger Steinbrüchen Ueberreste eines sündfluth-
lichen Menschen gefunden haben und beschrieb sie als
Knochen des Menschen, „um dessen Bosheit willen das
Unglück über die Welt hereingebrochen" sei, allein damals
war die vergleichende Anatomie noch in der Kindheit, die
Paläontologie noch gar nicht geschaffen, und Scheuchzer
beging den verzeihlichen Irrthum, die Ueberreste eines
riesigen Salamanders für menschliche Gebeine zu halten.
Heute kann so etwas nicht mehr passiren, und wenn der
Naturforscher aus irgend einer Schicht Knochen hervor-
zieht und sie für Menschenknochen erklärt, so kann man
dreist glauben, daß es auch wirklich Menschenknochen sind.
In den letzten fünfundzwanzig Jahren hat man in der
That an vielen Orten alte Menschenknochen gefunden.
Unter den ersten trat Professor Schmerling mit
Menschenknochen aus Höhlen bei Lüttich auf. Wirklich
sehr alte sogenannten fossile Knochen haben den thierischen
Leim ganz verloren, sie kleben daher an der Zunge.
Buckland sprach auf einer Naturforscherversammlung,
indem er den Knochen eines Höhlenbären an der Lippe
kleben ließ, und als Schmerling mit seinem Menschen-
knochen es ihm nachmachen wollte, gelang ihm das nicht,
zur großen Erheiterung der ganzen Versammlung. Und
doch hatte Schmerling Recht, als er behauptete, die
Menschenknochen seien ebenso alt als die Knochen des

Höhlenbären; dem letztern hatte man nämlich ein viel zu hohes Alter beigelegt. Heute ist es eine ausgemachte Sache, daß der Mensch mit den Höhlenbären, dem Höhlenlöwen und dem Mammuth zusammenlebte, daß er mit diesen Thierkolossen gewaltige Kämpfe bestand und sie besiegte; es ist aber auch nicht minder erwiesen, daß diese Thiere durchaus nicht vor Millionen Jahren ausstarben, sondern thatsächlich in der historischen Epoche noch lebten, so daß sich ihr Andenken in den Volkssagen und Traditionen noch vielfach erhalten hat. Aus der Geschichte weiß man, daß auf der Balkanhalbinsel noch sehr lange Löwen in beträchtlicher Zahl hausten, die „Helden" aus der Jägerzeit der Völker waren nichts Anders als kühne Jäger, die ihre Nebenmenschen von wilden Thieren befreiten; von Herkules wird es ausdrücklich erwähnt, daß er im Peloponnes Löwen erlegte. Im Nibelungenliede wird von Sigfried berichtet, daß er in den Vogesen auf der Jagd einen „ungefügen Leuwen" fand und ihn schoß; „der Leu lief nach dem Schusse nur dreier Sprünge lang." Der Höhlenlöwe Mitteleuropa's scheint sich bloß vor der umsichgreifenden Cultur aus Europa zurückgezogen zu haben und er lebt noch fort in den heutigen Löwen, die im Allgemeinen weder seine Größe noch sein Alter erreichen, weil der Mensch ihnen heute ungleich mehr nachstellt und ihre Nahrung nicht mehr so vollauf da ist, wie vor viertausend Jahren. So ein armer heutiger Löwe hat ein saures Brod oder vielmehr Fleisch, denn in der Wüste, wo ihn Freiligrath als König auftreten läßt, findet er nichts als Sand, höchstens in

der Ferne einen schnellen Strauß, den er aber nicht er=
reichen kann, und zeigt er sich in der Nähe der Schaaf=
hürden der Beduinen, so begrüßen ihn diese mit Pulver
und Blei. Aus diesen Gründen können die heutigen
Löwen nicht mehr die Größe und Wildheit ihrer alten
Vorgänger erreichen und ist es wohl nicht zweifelhaft, daß
sie mit der Zeit ganz aussterben werden. Im algerischen
Atlasgebiete sollen heute keine zwei Dutzend Löwen mehr
vorhanden sein.

Zu den merkwürdigsten Entdeckungen, welche das
Zusammenleben des Menschen mit dem Höhlenbären und
andern Thieren der Vorwelt documentiren und welche
gleichfalls beweisen, daß in der Periode der mitteleuro=
päischen Eiszeit hier Menschen wohnten, gehört der Fund
an der Schussenquelle in Schwaben, zwischen dem Rhein=
und Donaugebiete. Ein Zufall führte zur Auffindung
zahlreicher Knochen und Geweihe in einer 4 bis 5 Fuß
mächtigen Schlammschicht. An dem Orte, wo die Pro=
fessoren F r a a s und G a ß l e r persönlich die Ausgra=
bungen leiteten, befand sich früher ein kleiner Weiher,
der ehemals von Prämonstratenser Mönchen angelegt
worden, gegenwärtig aber längst ausgetrocknet und dicht
mit Schilfrohr bewachsen war. In der vorhistorischen
Zeit war die ganze Umgegend von mächtigen Gletschern
bedeckt gewesen.

Denn nach ihrem Rückzuge haben sie ungeheure
Schuttwälle oder Moränen zurückgelassen, die heute aus
den Torf= und Moorgründen, die sich seitdem bildeten,

als Zeugen der Vergangenheit hervorragen. Nachdem die Torfdecke von der zur Ausgrabung bezeichneten Localität weggeräumt war, traf man auf ein 4 bis 5 Fuß dickes Lager von Kalktuff. Er ist nach der Meinung von Fraas aller Wahrscheinlichkeit nach ein Product der auf dem benachbarten Kiesrücken (ebenfalls einer Moräne) entspringenden Schussenquelle, indem er sich durch nichts von jenen Tuffbildungen unterscheidet, die heute noch allenthalben an Berggehängen entstehen, wo kalkhaltige Wasser rieseln. Dieser Tuff bildet sich aber nur an der Erdoberfläche unter dem Einflusse der Verdunstung. Wir haben also hier die alte Bodenfläche vor uns und in der That fanden sich in dem Kalksande zahllose kleine Landschnecken, alle übereinstimmend mit solchen, die noch heute dort vorkommen. Auch einzelne Thierknochen fanden sich in dem Kalktuffe, aber sie waren so morsch, daß sie zwischen den Fingern zerbröckelten. Man grub weiter und stieß auf eine vortrefflich erhaltene Moosschicht, es waren alles Moosarten, die heute nur hoch im Norden oder auf den Spitzen der Alpen angetroffen werden — ein neuer Beweis für das kalte Klima der Gletscherzeit in Schwaben. „Erst was hier unten," sagt Professor Fraas, „zwischen Tuff und Gletscherschutt lag, eingehüllt vom feinsten Sande und von dem Moose, konnte als „Fund" angesehen werden; denn Alles lag frisch und fest, als ob man die Sachen erst kürzlich zusammengetragen hätte, in Haufen bei einander." Und dennoch, welche lange Reihe von Jahrhunderten ist vergangen seit dem Tage, da sich diese Ueberreste mit Erde bedeckten, bis heute, wo sie ausgegraben werden! Völker und Reiche: Persien, Griechenland, Macedonien, Rom, das alte deutsche Reich u. s. w., alle sind entstanden und wieder verschwunden, während der Zeit, als jene Ueberreste an der Schussen- quelle im Boden ruhten. Kaum mag etwas Anders existiren, was einbringlicher als solche Reste die Ver- gänglichkeit alles Irdischen predigte! Sehen wir uns jetzt diese Ueberbleibsel etwas genauer an. Unter den Knochen fanden sich viele von einem kleinen Ochsen, sowie von einer großköpfigen Pferderasse, am zahlreichsten aber solche vom Renthiere, das heute nur hoch im Norden lebt. Weniger häufig waren Knochen eines großen Bären, des Vielfraß und des Eisfuchses. Dagegen wurde nicht die geringste Spur von Ueberresten irgend eines Haus- thiers: des Rindes, des Schweines, des Haushundes c. gefunden. Der Mensch, der damals an der Schussenquelle hauste, besaß offenbar noch kein Hausthier, er hatte noch keines zu zähmen verstanden.

Daß der Mensch damals an der Schussen lebte, beweisen die Gegenstände, welche er in roher Weise aus den Thierknochen herstellte und die sich in zahlreichen Exemplaren vorfanden. Sie sind meist entweder zerbrochen oder sonst beschädigt, so daß es scheint, als habe man in der Fundstelle am Schussenweiher eine alte Abfall- grube vor sich, in welche allerdings nichts Brauchbares hineingeworfen wird. Die Knochen der Thiere waren alle aufgeschlagen, um das Mark herauszunehmen; ein- zelne geschwärzte Steine deuteten darauf, daß sie einst in der

mittelbaren Nähe des Feuers gestanden haben, aber
nicht die geringste Spur von irdenem Geschirr fand sich
vor, obgleich große Lehmlager, welche man heute benutzt,
in der Nähe sind.

Die Mehrzahl der aufgefundenen Renthiergeweihe
ist mit scharfen, zu Messern benutzten Steinen bearbeitet
worden. Verschiedene halbkreisförmig gebogene Stangen
fanden sich der Länge nach aufgeschnitten, so daß die
Innenseite fehlt. Das herausgearbeitete Stück diente
wahrscheinlich als Angel, Pfeil= oder Speerspitze. Der
Rest des Geweihes wurde als unbrauchbar fortgeworfen.
Auch eine Anzahl von Dolchen und Bolzen aus Ren=
thiergeweih fand sich vor. Einer der letztern war nicht
rund, sondern rautenförmig zugeschliffen, ganz nach Art
der mittelalterlichen eisernen. Auf der breiten Seite liefen
in der ganzen Länge des Stückes zwei Rinnen, vielleicht
Kanäle zur Aufnahme von Gift.

Aehnliche Entdeckungen wie an der Schussenquelle
hat man auch an verschiedenen Orten Frankreichs gemacht;
auch hat man daselbst menschliche Ueberreste gefunden,
manche unter Verhältnissen, welche darauf hindeuten,
daß die Urbewohner — wie noch gegenwärtig manche
Wilden der Südsee — Menschenfresser waren und ge=
legentlich der Stärkere den Schwächern auffraß. Daneben
ist es merkwürdig, daß man auf einzelnen Renthierknochen
aus französischen Höhlen eingekritzelte Zeichnungen
gefunden hat und zwar von außerordentlicher Naturtreue.
Den Naturforschern schwirrte der Kopf, als sie zuerst

diese Knochenplatten zu Händen nahmen, auf denen ein deutliches, richtiges — M a m m u t h gezeichnet war, ganz übereinstimmend mit den Vorstellungen, welche man sich auf Grund der Knochenausgrabungen von diesem längst ausgestorbenen Thiere gemacht hatte! Es wurden Stimmen laut, daß Betrug im Spiele sei, aber die Sache hat sich bestätigt, man besitzt gegenwärtig eine große Anzahl von Zeichnungen, welche auf fossiles Elfenbein, auf Knochen ausgestorbener Thiere, eingeschnitten sind. Ich glaube nicht, daß ein Verständiger, der diese Zeichnungen betrachtet, sich wird einreden lassen, sie seien vor hunderttausend Jahren eingeschnitten worden und stimme gern der ausgesprochenen Meinung bei, daß sie vielmehr unter dem directen oder indirecten Einflusse griechischer Cultur entstanden. Zur Zeit der Blüthe Griechenlands, als die italienische und südfranzösische Küste mit griechischen Niederlassungen bedeckt oder wenigstens von Handelsleuten zeitweise besucht war, mögen die alten Jäger gelebt und durch die Fremden das Einschneiden von Zeichnungen gelernt haben. „Von allen Seiten," sagt Professor F r a a s, „drängen die Thatsachen zu der Ansicht, daß die Mittelmeergegenden und ein großer Theil von Europa früher, sowohl in der historischen als in der geologischen Zeit, eine gleichmäßigere Temperatur gehabt, weil das Klima ein feuchteres war. Zu derselben Zeit, da in Mitteleuropa in Folge dessen Erscheinungen sich beobachten ließen, die jetzt nur noch dem hohen Norden eigen sind, zu derselben Zeit, da die Gletscher der Alpen zur Donau sich erstreckten, da Donau

und Rhein aus gemeinsamer Eisquelle sich speisten, zu
derselben Zeit waren auch noch Wälder am Parnaß und
Helikon und fette Weideplätze an den Ufern des Euphrat
zu sehen. Einer Grundursache ist es zuzuschreiben, daß
sich im Laufe der Zeit das Gleichmaß der Temperatur
auf unserer Hemisphäre änderte. Mag sie nun heißen,
wie sie wolle, in Folge dieser Ursache schmolzen allmählich
die Gletscher in Frankreich und Schwaben ab, es machte
aber auch in Griechenland die Pinie der Standröhre und
der Knoppereiche Platz und eben darum weht jetzt über
die Trümmer Babylons der heiße Wüstenwind. Das
Alter der schwäbischen Eiszeit und der Ansiedlung der
Menschen an dem Ufer der Schussen weiter zurückzuver-
legen, als in die Blüthezeit des babylonischen Reiches
oder in die Zeit von Memphis und seiner Pyramiden,
dafür liegt auch nicht ein gültiger Grund vor.“

Ganz kürzlich hat man im Hohlefels bei Blaubeuren
ebenfalls zahlreiche Spuren voreinstiger Anwesenheit der
Menschen aufgefunden. Diese Höhle ist dadurch ausgezeichnet, daß sie besonders viele und gut erhaltene Ueberreste des gewaltigen Höhlenbären enthält. Vielleicht diente
sie in einer sehr alten Zeit diesen gewaltigen Thieren
zeitweise zum Aufenthaltsorte, später aber erschien der
Mensch, vertrieb den grimmigen Bären aus seiner Höhle
und wählte sie zum eigenen Aufenthaltsorte. Nach den
genauen, sorgfältigen Untersuchungen von Fraas ist es
nicht zu bezweifeln, daß der Mensch die Bärenknochen
in die Höhle schleppte und zwar nicht die Knochen allein,
sondern die ganzen Thiere mit Haut und Haar, welche

13*

auf der Jagd seine Beute geworden. In der Höhle wurden die Thiere verspeist und einzelne Knochen, besonders die Kiefer mit den Vorderzähnen, zu Waffen und sonstigen Werkzeugen zurecht gemacht. Merkwürdig ist eine große Menge durchbohrter Pferdezähne, welche man zwischen den Bärenknochen fand; es scheint, daß sie von den Urmenschen an einer Schnur getragen wurden, vielleicht als Zierrath oder auch zu abergläubischen Zwecken. Das Pferd spielte bekanntlich in den abergläubischen Vorstellungen der alten Deutschen eine große Rolle. Damals, als der Hohlefels von Menschen bewohnt war, welche den Höhlenbären jagten, lebte in den deutschen Wäldern auch noch das Mammuth und das Rhinoceros. Selbst diese Riesenthiere fielen dem Höhlenbewohner trotz seiner elenden Waffen zur Beute; sie konnten aber, eben wegen ihrer Größe, nicht von ihm in die Höhle hineingeschleppt werden, darum zerlegte man sie braußen und brachte nur einzelne Theile: Zähne, Füße und Kinnladenstücke, vielleicht als Trophäen mit in die Grotte.

Außer den hier besprochenen sind noch eine Menge anderer Funde gemacht worden, auf die ich jedoch, des beschränkten Raumes halber, jetzt nicht eingehen kann. Eine Reihe hoch interessanter Entdeckungen hat uns gegenwärtig das Leben des Urbewohners von Europa, ihre Sitten und Gebräuche in allgemeinen Zügen kennen gelehrt. Wir erkennen aus denselben eine furchtbare Vergangenheit des uncivilisirten Menschengeschlechtes; Krieg und Fehde herrschten ununterbrochen und die blutigsten Opfer

wurden massenhaft einem furchtbaren Wahnglauben ge=
schlachtet, der uns aus den Ueberresten der Opfer ent=
gegengrinst, finster wie die Wälder, in denen der armselige
Wilde hauste. Fast muß man bedauern, daß so furcht=
bare Scenen einer Vergangenheit, von der keine schriftliche
Ueberlieferung zu uns gelangte, durch die Wissenschaft
an's Tageslicht gezogen werden. Aber hatten nicht selbst
die sonst so hoch gebildeten Griechen ihre Menschenopfer
und wurden nicht zu Rom sogar noch im 4. Jahrhundert
nach Christus bisweilen im Geheimen dem Jupiter
Menschen geschlachtet?

Wirbelstürme und Wettersäulen.

Wettersäulen und Wirbelstürme gehören, obgleich sie nicht eben selten auftreten, auch gegenwärtig noch zu denjenigen Naturerscheinungen, die wissenschaftlich wenig ergründet sind. Um so dankenswerther ist es daher, daß Professor Reye in Straßburg sich der Aufgabe unterzogen hat, auf Grund einer möglichst umfassenden Zusammenstellung alles bisher über diese Erscheinungen Bekannten, die ursächlichen Beziehungen aufzudecken, denen jene Phänomene ihre Entstehung verdanken.*)

Reye unternimmt es zunächst, den Nachweis zu führen, daß von den lokalisirten Wirbelwinden, den Staub- und Sandsäulen und Tromben, bis zu den Tornados und den größten Cyklonen ein ursächlicher, durch allmähliche Uebergänge angedeuteter Zusammenhang besteht. Diese Ansicht ist nicht neu; schon Piddington hat darauf hingewiesen, daß zwischen den Wasserhosen

---

*) Dr. Theodor Reye, die Wirbelstürme, Tornados und Wettersäulen in der Erdatmosphäre, mit Berücksichtigung der Stürme in der Sonnenatmosphäre.

und den Tornados eine große Anzahl von Zwischenstufen sich nachweisen lasse und auch Dove hat gelegentlich die Tromben mit Wirbelwinden in Zusammenhang gebracht. Reye aber gebührt das Verdienst, diesen Zusammenhang zuerst mit wissenschaftlicher Evidenz nachgewiesen zu haben.

Er beginnt seine Untersuchungen mit dem Nachweise des Auftretens heftiger Wirbelwinde bei großartigen Bränden. Olmstedt hat, wohl zuerst, auf diese Thatsache hingewiesen und ein lehrreiches Beispiel davon mitgetheilt. Ein von einzelnen Bäumen besetztes Rohrgebüsch am Ufer des Black-Warrior-Flusses bei Tuscalosa in Alabama, welches eine Fläche von 25 Acres bedeckte, wurde angezündet. Nachdem das Feuer sich ausgedehnt hatte, begannen Wirbelwinde von großer Mannigfaltigkeit der Form sich in dem heißesten Theile desselben zu zeigen. „Sie waren zuerst von verhältnißmäßig kleinem Maßstabe, da ihre Höhe 35 bis 40 Fuß nicht überstieg. Dann aber folgten andere in größerm Maßstabe, bis sie mehr als 200 Fuß Höhe erreichten. Die Flamme und der Rauch, welche ihre Säule bildeten, waren durchaus von der allgemeinen Masse, die von dem Feuer aufstieg, verschieden. Selbst als das Feuer bis zu großer Ausdehnung niedergebrannt war, bildeten sich viele Wirbelwinde über der Asche." Olmstedt unterschied vier verschiedene Arten von Wirbelwinden. Zunächst solche, welche stationär über einem Theile des Feuers, das heißer als die benachbarten Regionen war, sich bildeten, nach oben hin trichterförmig erweitert wurden und mit

ihrem Fuße auf Haufen brennenden Rohres ruhten. Eine
andere Art zeigte fortschreitende Bewegung. Diese treten
meist über der Asche auf, indem sie oben in der Luft
entstehen. Gegen Ende des Brandes zeigten sich einige
Wirbelwinde von dieser Form, gleich Kreiseln von einem
Theile des Feuers zum andern wirbelnd, indem sie ihren
Weg durch Fortblasen der Asche und der Kohlen bezeichneten
und nur wenig Asche emportrugen, die gerade unter den
Spitzen ihres Kegel lag. Eine dritte Art von Wirbel=
winden bildete sich auf einem Haufen brennenden Rohres.
Die Flamme wirbelt empor in eine Säule, wo sie erlischt
und wo ihr ein dunkler Zwischenraum von Rauch folgt;
oben gegen das Ende bricht die Flamme von neuem
hervor. Die Wirbelwinde der vierten Art waren merk=
würdig wegen des gänzlichen Fehlens der Trichterform,
ihres kleinen Durchmessers und der oft über 100 Fuß
betragenden Höhe. In diesen langen, cylindrischen Wirbeln
war die Rotationsbewegung überall vollkommen deutlich,
indem der schwarze Rauch in Windungen gegen den
Gipfel der sichtbaren Säule wirbelte; oben waren diese
Wirbel manchmal vom Winde gebogen, mehrere, die nahe=
zu horizontal umgebogen worden, wirbelten noch rasch.
Zu Anfang des Brandes herrschte NO, aber kurz nach
Beginn blies die Luft unten von allen Seiten gegen die
Mitte des Feuers. Die Rauchsäulen stiegen mehr als
600 Fuß fast senkrecht in die Höhe, bogen sich dann
plötzlich und zeigten hierdurch genau an, wo der herrschende
NO über jene das Feuer umgebenden Strömungen die
Oberhand erhielt.

Noch großartigere Wirbelwinde entstehen häufig gelegentlich der, ungeheuren Brände, durch welche die nordamerikanischen Urwälder gelichtet wurden. Als 1824 Dr. Cowles bei Amherst an einem warmen, ruhigen Tage 7 Acres ausgeschossenes Bau- und Reisigholz anzünden ließ, vereinigten sich Rauch und Flammen zu einer großen wirbelnden kegelförmigen Säule, die von heftigem Brausen oder Brüllen begleitet war. Bei einem ähnlichen Brande in Stockbridge war der Wirbelwind so heftig, daß er junge Bäume von 6 bis 8 Zoll Dicke aus dem Boden riß und 40 bis 50 Fuß emportrug. Aehnliche wirbelnde Säulen bilden sich bisweilen über den Kratern thätiger Vulcane. Professor v. Seebach beobachtete am 8. April 1866 während der Eruption des Vulcans von Santorin eine solche Aschentrombe, die plötzlich, von dem gewöhnlichen Donnern begleitet, in Form einer gewaltigen Dampfschraube aufstieg und nach genauer Messung 580·7 Meter Höhe erreichte. Bisweilen verdichten sich die im Wirbelwinde mit emporgerissenen Wasserdämpfe über der Rauchsäule zu Regen bringenden und Blitze aussendenden Wolken. Ganz ähnliches zeigt sich auch bei den gewöhnlichen Wetter- und Wassersäulen, so daß, wie Prof. Reye hervorhebt, jedem Unbefangenen sich die Frage aufdrängen muß, ob diese letzteren nicht ebenfalls aufsteigende Luft- und Dampfmassen sind, die gleich jenen Feuer- und Rauchsäulen sich um ihre Are drehen.

Die Ursache der wirbelnden Bewegung sucht Reye in der Wärme, indem diese durch Ausdehnung die Luft

und den Rauch zum Aufsteigen zwingt und ein Herbeiströmen der benachbarten Luft veranlaßt. Weil aber
dieses Herbeiströmen niemals von allen Seiten ganz
gleichförmig sein kann, so tritt schon anfangs ein excen-
trischer Zufluß und damit eine schwache spiralförmige
Bewegung der aufsteigenden Luft ein. „Die immer rascher
nachströmende Luft folgt diesen ersten Spiralwindungen,
weil sie in deren Richtungen den kleinsten Widerstand
findet und durch die wachsende Geschwindigkeit wird die
Centrifugalkraft der Luftmassen und damit zugleich die
Anzahl der beschriebenen Windungen vergrößert." Es
unterliegt wohl kaum noch einem Zweifel, daß diese
Erklärung der wirbelnden Bewegung die richtige ist.

Gehen wir jetzt zu den eigentlichen Wettersäulen
über, so begegnen wir ihrer einfachsten Form in den
kleinen Wirbeln, welche bisweilen an stillen Tagen auf
größeren Plätzen und an Kreuzwegen Sand und Blätter
emporheben und oft nicht eine halbe Minute andauern.
Großartiger schon kommen solche Staubwirbel in den
russischen Steppen vor, aber am bekanntesten sind die
hohen Säulen beweglichen Sandes in der Sahara, von
denen man ehedem fabelte, daß sie ganze Karawanen
verschütten könnten. Auch in Australien kennt man diese
rotirenden Staubsäulen, besonders häufig treten sie in
schattenlosen Ebenen auf. Belt, der diese australischen
Luftwirbel genau beobachtet hat, spricht die Ueberzeugung
aus, daß sie die Canäle seien, welche die erhitzte Luft
vom Boden zu den höheren Regionen führen.

Ueber heißen Lavabetten entstehen ebenfalls nicht

selten Wirbelsäulen, ja echte Tromben, wie eine solche Hamilton am 30. Juni 1794 während eines Aus=bruchs des Vesuvs beobachtete. Es ist unzweifelhaft, daß die Entstehungsursache hier dieselbe ist, wie bei den Wirbelwinden über Brandstätten.

Den Wettersäulen geht meist eine drückende, schwüle Luft voraus, oft herrscht völlige Windstille, immer aber erscheinen die Windverhältnisse der Art, daß man sie nicht mit dem Phänomen in nähere Beziehung bringen kann. Die Form dieser Gebilde ist mannigfaltig; bald und vorzugsweise bei den Landtromben, trichterartig, bald — bei den Wasserhosen — schlauchartig und am Fuße von aufwirbelnden Wasserdünsten und schäumendem Wasser umgeben. Höhe und Durchmesser sind verschieden, erstere kann 2000, ja bis 5= oder 6000 Fuß betragen. In vielen Fällen erkennt man aus der Art und Weise der in der Nähe der Trombe angerichteten Verheerungen, daß ein allseitiges Heranströmen der Luft gegen den Fuß der Säule stattfand.

Was die Ursache der Wettersäulen anbelangt, so hält Reye dafür, daß diese Phänomene verticale Luft=ströme seien, welche die warme und feuchte Luft von der Erdoberfläche strudelnd emporführen oder auch kalte Luft von oben zu ihr herabbringen. „Die Plötzlichkeit," sagt Reye, „mit der sich die Wettersäulen wie von selbst in ruhiger Atmosphäre bilden und die Heftigkeit ihres Auftretens legen den Gedanken nahe, daß ihnen ein labiles Gleichgewicht der Luft vorhergehe und daß durch sie die gewaltsame Umwälzung der Luftschichten

geichehe, mit welcher das ſtabile Gleichgewicht ſich wieder=
herſtellt. Wirklich müßte bei ſtabilem Gleichgewichte der
Atmoſphäre bie Bewegung eines immerhin nicht breiten
Luftſtromes raſch an dem paſſiven Widerſtande der
durchbrochenen ruhenden Luftſchichten erlahmen, ähnlich
wie wir es bei den Rauchſäulen unſerer Kamine wahr=
nehmen. Die Entſtehung jenes labilen Gleichgewichts in
ruhiger Atmoſphäre iſt nun aber unſchwer zu erklären.
Vom erwärmten Boden aus wird nämlich an windſtillen,
ſonnigen Tagen den unteren Luftſchichten ganz allmählich
eine höhere Temperatur ertheilt, ſo daß ſie ſich langſam
ausdehnen. Bei unruhiger Luft oder auf ungünſtigem
Terrain würde ſehr bald dieſe erwärmte Luft ſich ähnlich
wie die Dampfblaſen in kochendem Waſſer in kleineren
oder größeren Maſſen vom Boden ablöſen und aufſteigen,
während an anderen Stellen die kältere Luft herabſinkt
und ſich über den Boden ausbreitet; durch derartige
Bewegungen erklärt man ja das Zittern der Luft über
Oefen, erhitzten Kieswegen u. dgl. Aber unter günſtigen
Verhältniſſen können die unterſten Luftſchichten örtlich ſo
ſtark erwärmt werden, daß ſie trotz des auf ihnen laſtenden
größern Luftdruckes ſogar ſpecifiſch leichter werden als
die über ihnen befindlichen Luftſchichten. Beweis hiefür
ſind die trügeriſchen Luftſpiegelungen in den Sandwüſten,
nicht ſelten wenige Minuten bevor der gefürchtete Wüſten=
ſturm ſich erhebt. Bei einer zufälligen, vielleicht durch
einen Reiter oder den Schatten einer Wolke hervor=
gerufenen Störung des Gleichgewichtes ſetzt ſich dann die
allmählich angeſammelte Wärmemenge plötzlich in Be=

wegung um und die Luft reißt in heftigem Auftriebe wirbelnde Säulen von Sand hoch mit sich empor." Die Frage: bei welchen Temperaturverhältnissen ruhende Luft in labilem Gleichgewichte ist, beantwortet Reye auf dem Wege der Rechnung dahin, daß dies stattfindet, wenn die Temperatur der Luft für je 100 Meter Erhebung um mehr als 1^0 C. abnimmt. Ein solcher labiler Gleichgewichtszustand der Atmosphäre kann aber ebenso leicht zu abwärts wie zu aufwärts gerichteten Luftströmen führen. Wenn trotzdem die aufsteigenden Tromben weit zahlreicher sind, so findet Reye den Grund dazu in der Anwesenheit des atmosphärischen Wasserdampfes. „In niedersinkenden Luftströmen behält dieser Dampf seine Gasform bei; in aufsteigenden dagegen verdichtet er sich wegen rascher Erkaltung der Luft zu Nebel und seine bedeutende hierbei frei werdende latente Wärme dehnt die Luft aus und treibt sie noch schneller empor." Durch Rechnung und Versuch gelangte Reye zu dem Ergebnisse, daß feuchte Luft viel leichter in der Atmosphäre aufsteigt als trockene. Erstere kann dies bereits, wenn die Temperaturabnahme pro 100 Meter Erhebung $1/3^0$ C. beträgt, und zwar ist die erforderliche Größe dieser Abnahme abhängig von dem Gewichtsverhältnisse des Dampfes und der Luft, die gleichzeitig in demselben Raume enthalten sind. Reye beschreibt specieller wie sich auf Grund der von ihm entwickelten Theorie die Entstehung einer Trombe gestalten muß; wir sehen hiervon an diesem Orte ab und wenden uns direct zu denjenigen Erscheinungen, welche von den amerikanischen Meteorologen bald den Tromben und bald den Orkanen zugezählt werden, nämlich zu den Tornados.

Wenn dieselben der äußern Gestalt nach den Wetter=säulen gleichen, so übertreffen sie diese doch weit an Ausdehnung, indem die Breite ihrer Bahn bis zu 1 engl. Meile beträgt, die Länge zwischen 2 und mehreren Hundert engl. Meilen schwankt und die Geschwindigkeit der Fort=bewegung durchschnittlich 37 engl. Meilen pro Stunde ist. Mit sehr geringer Ausnahme bewegen sich alle Tornados nach Osten, mit einer geringen Abweichung gegen Nord und nicht selten treten mehrere in 20 bis 100 Kilometer Abstand zugleich auf und durchlaufen parallele Bahnen. Der Tornado hüpft auf und nieder, er überspringt oft weite Strecken, nimmt über Baum=wipfel seinen Weg und kommt wieder auf den Boden. Alle diese Erscheinungen lassen sich, wie Reye specieller zeigt, nach seiner Auffassung der Wettersäulen ungezwungen erklären, während sie nach den älteren Anschauungen und auch nach der Redfield'schen Wirbeltheorie, uner=klärlich erscheinen.

Während bei den Tornados heftige, centripetal ge=richtete Luftströmungen stattfinden, tritt bei den großen ost= und westindischen Orkanen eine vorwaltende Wirbel=bewegung der Luft auf. Colonel Capper hat zuerst, 1801, auf Grund von 20jährigen Beobachtungen die Behauptung aufgestellt und vertreten, daß die ostindischen Orkane große Wirbelwinde seien. Das Gleiche behauptete 1828 Dove von dem großen Weihnachtssturme des Jahres 1828; bezüglich der nordamerikanischen Küsten=

stürme kam Redfield 1831 zu dem gleichen Ergebnisse und bemerkte noch, daß diese Stürme sich gegen die Sonne im Sinne SONW drehen, daß im Centrum das Barometer sehr niedrig stehe und dieses Barometerminimum mit veränderlicher Geschwindigkeit fortschreite. Reid erkannte die merkwürdigen regelmäßigen Bahnen der Centra der ostindischen Orkane und bewies, daß die Cyklone der südlichen Hemisphäre sich durch SWNO drehen. Piddington und Thom haben später die Wirbelstürme der chinesischen und ostindischen Meere genauer untersucht. Ersterer führte für diese Stürme auch den Namen Cyklone ein.

Bei den Cyklonen rotirt, wie bereits erwähnt, die Luft in Kreislinien um ein fortschreitendes Centrum in einer Richtung, welche der Bewegung eines Uhrzeigers entgegengesetzt ist. Außer dieser Wirbelbewegung existirt aber auch eine merkliche Bewegung der Luft gegen das Centrum hin; Redfield hebt diese spiralförmige Bewegung der wirbelnden Luftmassen wiederholt ausdrücklich hervor. Piddington hat durch seine Bearbeitung des Tagebuchs des Brig „Charles Heddle", welche am 22. Februar 1845 etwa 210 Seemeilen N bei O von Mauritius von einem Orkane aus OSO gefaßt wurde und die nach Verlust der Segel bis zum 27. Februar mit dem Winde lief, einen wichtigen Beweis für die spiralförmige Bewegung geliefert.

Was die Geschwindigkeit, also die Wuth des Windes anbelangt, so nimmt sie innerhalb des Wirbels von außen nach innen zu, im Centrum selbst aber herrscht entweder Windstille oder es treten doch nur schwächere, veränderliche Winde auf. Die kleineren Wirbelwinde, wie die Teifuns der chinesischen Meere, sind meist die heftigsten; auch bei den westindischen Stürmen gilt es als Regel, daß die Stärke des Windes sich vermindert in dem Maße als der Orkan seine Wirbel ausdehnt. Reye hat die charakteristischen Eigenthümlichkeiten der Wirbelstürme genau untersucht und zusammengestellt. Hiernach bläst der Sturm einer Cyklone überhaupt nicht gleichmäßig, sondern meistens in heftigen Böen und Stößen. Dichte Wolken und starke Regengüsse sind ständige Begleiter der Wirbelstürme, meistens auch Donner und Blitze. Während ganz unten der Sturmwind in Spiral= windungen allmählich nach innen strömt, treibt er oben die flüchtigen Sturmwolken nach außen fort und entfernt sie von der Axe der Cyklone. Mit letzterm steht wahr= scheinlich die bekannte Thatsache in Verbindung, daß die Vorerscheinungen eines Sturmes in der Wolkenregion oft viele Stunden vorher bemerkt werden, ehe unten noch eine Aenderung in der Luftbewegung eintritt. „Ein ungewöhnlich niedriger Barometerstand wird in allen Wirbelstürmen wahrgenommen und zwar fällt das Baro= meter immer tiefer, je näher man dem Centrum eines solchen Sturmes kommt."

Die Größe des Barometerfalles wächst mit der Intensität des Sturmes. Im Allgemeinen ist unter den Tropen der Fall des Barometers gegen das Centrum der Cyklone hin viel jäher und rascher, als in den ge= mäßigten Zonen; weil aber in diesen letzteren die Durch=

messer der Cyklone größer sind, so wird hier das Sinken
des Barometers schon in größeren Entfernungen vom
Centrum bemerkbar. „Die Linien gleichen Barometer=
standes (des isobarometrischen Curven) sind nicht genau
kreisförmig, sondern von mehr oder weniger ovaler Form;
auch pflegen sie an einer oder an mehreren Seiten sich
enger an einander zu brängen, als an den übrigen.
Mohn findet für Europa das Buys=Ballot'sche Gesetz
bestätigt, wonach der Wind eine solche Richtung hat, daß,
wenn man ihm den Rücken zukehrt, der Ort des tiefsten
Barometerstandes sich links und ein wenig nach vorne
befindet. Der Wind umkreist also die luftdünne Mitte
der Sonne entgegen, aber nähert sich ihr zugleich in
Spirallinien, indem er die isobarometrischen Curven nach
innen zu überschreitet."

Die Bewegung der Wirbelstürme ist außerordentlich
merkwürdig; die in der heißen Zone entstandenen gehen
in parabolischen Bahnen in die gemäßigten, die hier ent=
stehenden aber haben allemal eine östliche Bewegung.
Der eigentliche Entstehungsort der Cyklone ist im Ein=
zelnen ganz ungewiß. Mehrere der atlantischen Wirbel=
stürme haben, wie Reye bemerkt, augenscheinlich afri=
kanischen Ursprung, so ein Orkan, der Ende August
1853 vom grünen Vorgebirge aus den Ocean überschritt,
an den Küsten der Vereinigten Staaten umbog, dann
einerseits Neufundland, andererseits die britische West=
küste bestrich und sich endlich nach 13tägigem verderblichem
Wüthen gegen das Eismeer hin verlor. Was die jähr=
liche Periode und die Häufigkeit des Auftretens der

Cyklone anbelangt, so kommen in beiden Erbhälften die meisten in den heißen Monaten vor. Poey hat eine Zusammenstellung von 355 in Westindien und dem nörb= lichen atlantischen Oceane zwischen 1493 und 1855 beobachteten Orkanen geliefert. Hiernach hat man folgende Vertheilung auf die Monate

Januar	5	April	6	Juli	42 October	69
Februar	7	Mai	5	August	96 November	17
März	11	Juni	10	September	80 December	7

Was die mechanische Wirkung der Orkane anbelangt, so ist dieselbe ungeheuer. Reye hat auch in dieser Be= ziehung viel Material gesammelt, was man in seinem Werke nachlesen kann. Derselbe Gelehrte hat berechnet, daß der Cuba=Orkan vom 5. bis 7. October 1844, allein zur Bewegung der einströmenden Luft mindestens eine Arbeit von 473 Millionen Pferdekraft während dreier voller Tage aufwendete. Ob dieser ungeheure Aufwand an mechanischer Arbeit, wie Reye will, mindestens 15mal größer ist, als alle Windmühlen, Wasserräder, Dampfmaschinen und Locomotiven, Menschen= und Thier= kräfte der ganzen Erde in der gleichen Zeit leisten, möchte ich freilich bezweifeln, aber immerhin ist dieser Aufwand an mechanischer Kraft ganz ungeheuer und es muß bei jedem Versuche die Entstehung der Cyklonen zu erklären, dieser Punkt vor allem ins Auge gefaßt worden, weil niemals mechanische Kraft von selbst entstehen kann. „Nur eine einzige Art atmosphärischer Vorgänge von ähn= licher räumlicher Begrenzung," sagt Reye, „läßt sich von mechanischem Standpunkte aus mit dieser Leistung der Wirbelstürme vergleichen, das sind die ausgedehnten heftigen Regengüsse, welche die Cyklonen regelmäßig begleiten.

Indem Professor Reye zur Untersuchung der Ursachen der Wirbelstürme übergeht, bemüht er sich zunächst, den Beweis zu liefern, daß von den Wirbelwinden und Wasserhosen bis zu den Kreiselorkanen eine vollständige Reihe von Uebergängen existirt. Diesen Nachweis kann man durch seine Arbeit gegenwärtig in der That als erbracht ansehen und er gibt einen deutlichen Fingerzeig über die Entstehung und Fortdauer der Wirbelstürme. „Wie in den Wirbelwinden und Wettersäulen der verticale in den meisten Fällen aufsteigende Luftstrom das Ursprüngliche ist, indem er das Heranströmen der Luft zum Fuße, die Abnahme des Luftdruckes, die rasche Bildung von Regen= und Gewitterwolken verursacht und die größten mechanischen Wirkungen hervorruft: so auch in den Wirbelstürmen. Darauf weist uns auch die ungeheure Menge von Luft hin, welche unten in den Cyklonen allmählich gegen die luftdünne Mitte heranströmt; denn die mindestens 420⅓ Millionen Kubikmeter Luft pro Secunde, welche tagelang in den Cuba=Orkan eingeströmt sind, können nicht vom Meere verschlungen, sondern müssen vielmehr in der Nähe des Centrums aufgestiegen sein. Darauf weisen uns endlich die ausgedehnten Wolkenmassen hin, von denen die Cyklonen überdeckt sind und die gewaltigen Regenmengen, die fortwährend aus ihnen herabstürzen. Namentlich diese Regenmengen wären ganz unerklärlich, wenn man die Annahme nicht gelten lassen wollte, daß sie in Form von durchsichtigem Wasserdampf mit der aufsteigenden Luft zu den stets sich erneuernden Wolken emporgetragen werden. Von Jedem aber, der die Gleichartigkeit der erzeugenden Ursachen bei den Wettersäulen und den Wirbelstürmen läugnen will, ist der Nachweis einer bestimmten Grenze zu liefern, wo erstere aufhören und die letzteren beginnen."

Wenn aber bei den Wettersäulen die Voraussetzung eines labilen Gleichgewichtszustandes in der Atmosphäre als Ausgangspunkt genommen werden dürfte, so ist dies, wie Reye hervorhebt, für die vielen Tausend Quadrat-Seemeilen der Meeresfläche, welche zugleich oder nach und nach von einem Wirbelsturme betroffen werden, nicht mehr gestattet. Dagegen muß man noch Reye voraussetzen, daß die untersten Luftschichten im Wirbel-sturme und rings um demselben stark mit Wasserdämpfen geschwängert und in den Sommermonaten auch ver-hältnißmäßig stark erwärmt sind. Die ersten Keime zu gewaltigen Cyklonen findet Reye in dem, durch ver-schiedenartige Ursachen möglichen, Emporsteigen von warmen, feuchten, unteren Luftschichten in größerm Maßstabe. In einzelnen Fällen mag nach unserm Autor zuerst die rasche Bildung ausgedehnter Gewitterwolken einen starken aufsteigenden Luftstrom hervorgerufen haben, selbst große Wasserhosen können, wie Reye glaubt, den Anstoß zur Bildung von Cyklonen geben. Nach der Stelle wo die feuchten unteren Luftschichten emporsteigen, strömt die benachbarte Luft von allen Seiten herbei um eben-falls aufzusteigen und der Wasserdampf bewirkt, daß

diese Bewegung sobald kein Ende nimmt. Daß trotzdem
kein centripetaler Sturm entsteht ist lediglich Folge
der Rotation unserer Erde. Befindet sich beispielsweise
der luftdünne Raum auf der Nordhemisphäre, so erhalten
die aus Süden nach diesem Centrum eilenden Luftströme
eine östliche Ablenkung in Folge der Erdrotation, die
aus Norden kommenden aber bleiben westlich zurück und
die Tendenz zur Drehung von N über W nach S und O
ist da. Befindet sich das Centrum auf der Südhälfte
der Erde, so muß aus gleichen Gründen eine Tendenz
zur Drehung im Sinne N O S W entstehen. „Könnte,“
sagt Reye, „die Luft ohne Wirbelbewegung direct von
allen Seiten der Verdünnungsstelle zuströmen, so würde
daselbst ein niedrigerer Barometerstand sich wohl nicht
lange erhalten können, auch würden die feuchteren unteren
Luftschichten bis auf große Entfernungen hin bald er=
schöpft sein und die latente Wärme des Dampfes nach
kurzer Zeit aufhören in Wirksamkeit zu treten. Die
amerikanischen Tornados und wohl auch die kleineren
See-Tornados bieten uns Beispiele von derartigen, wenn
auch äußerst heftigen, so doch nach wenigen Seemeilen
Weges endigenden kleineren Orkanen, in denen die Dreh=
bewegung weit weniger merklich ist als in den großen
Cyklonen. Daß sie schwächer ist rührt daher, weil der
Einfluß der Erdrotation auf die Bewegung der zu=
strömenden Luft um so geringer wird, je kleiner der
Durchmesser der Verdünnungsstelle ist. Die See-Tornados
treten zudem vornehmlich in der Nähe des Aequators
auf, wo jener Einfluß ohnehin schwächer ist.“ Was die

Fortbewegung der Cyklonen anbelangt, so ist aus Reye's
Theorie unmittelbar einleuchtend, daß dieselbe immer
nach derjenigen Seite hin stattfinden muß, an welcher
längere Zeit hindurch die wärmste und feuchteste Luft
in ihr emporgestiegen ist und an welcher demnach auch
die dichtesten Wolken sich bilden und am meisten Regen
niederstürzt. Das stimmt mit den Beobachtungen voll=
kommen überein. Was die parabolische Form der Bahnen
der Sturmcentra anbelangt, so ist sie, wie man behaupten
darf, vorgeschrieben von der Form der warmen Strömungen
im Meere, über welchen die Cyklonen sich bewegen. Ueber=
haupt scheinen Cyklone nur da weite Bahnen zu durch=
laufen, wo ihnen gewissermaßen ein Warmwasserstrom
im Meere als Unterlage dient. Reye hält es bezüglich
der westindischen Orkane „für möglich", daß der Golf=
strom deren Umbiegen nach NO veranlasse; berücksichtigt
man aber die Uebereinstimmung im Austreten und im
Verlaufe der Cyklone im atlantischen Oceane, im indischen
und chinesischen Meere, sowie im Nordosten von Neu=
holland mit den dort auftretenden Warmwasserströmungen,
so kann man, wie ich glaube, nicht zweifelhaft sein, daß
in der That diese Meeresströmungen das Umbiegen
veranlassen.

Nachdem Reye noch die früheren Theorien der
Entstehung der Cyklone besprochen und ihre Unzulänglichkeit
nachgewiesen hat, geht er zur Betrachtung der Stürme
auf der Sonne über, welche uns seit einigen Jahren das
Spectroskop enthüllt hat. Wir wollen ihm jedoch auf dieses
Gebiet nicht eingehender folgen, sondern nur kurz hervor=

heben, daß Reye als Resultat seiner vergleichenden Untersuchung ausspricht: „Die Sonnenflecke sind wolken= artige Verdichtungsproducte in den tieferen Regionen der Sonnenatmosphäre, welche sich ähnlich wie die großen Wolkenschichten der irdischen Cyklone von unten her er= neuern." Schon John Herschel hat in der achten Ver= sammlung der „Britisch Association" die gelegentliche Bemerkung gemacht „mit den Sonnenflecken seien Um= stände verknüpft, welche ihm mit Gewalt den Gedanken an Tornados in der Sonnenatmosphäre aufbrängten."

Der Diamant.

Im Diamant hat uns die Natur einen Körper gegeben, bei dem sie es darauf abgesehen zu haben scheint, daß er der Regel von der Vergänglichkeit alles Irdischen Hohn sprechen soll. Denn während Alles um uns herum vergeht und zerstört wird, während das feste Eisen von selbst langsam an der Luft verbrennt, während Gold und Silber sich abnutzen und in unendlich kleinen Partikelchen im Staube aufgehen, bleibt der Diamant unverändert, unbezwingbar, wie schon die Griechen sagten, die ihn beßhalb A b a m a s nannten. Man hat berechnet, daß von den ungeheuren Gold= schätzen des Alterthums, ja selbst des frühern Mittel= alters kaum ein Körnchen auf unsere Zeit gekommen ist, mit Ausnahme einiger wenigen gelegentlichen Funde. Der ganze gewaltige Rest, der einst die Welt bezwang und beherrschte, der zu tausend Thorheiten und Schlechtig= keiten Veranlassung gab, wo ist er geblieben? Er ist verschwunden; theils begraben in der Erde, theils in Staub verwandelt und vom Wasser dem Ocean zugeführt, theils mit anderen Stoffen verbunden sind die Schätze

des Cröſus, der perſiſchen und indiſchen Despoten, der
Egypter, der Römer, endlich den Händen der Menſchen
entſchwunden auf Nimmerwiederſehen. Wären Gold und
Silber unzerſtörbar, ſie würden heute längſt ihren hohen
Werth als Tauſchmittel eingebüßt haben, denn dieſe
beiden Metalle kommen in wahrhaft ungeheuren Mengen
vor im Vergleiche mit demjenigen Körper, der allein der
Zerſtörung Trotz bietet, mit dem Diamant. Wie ein
unveräußerliches Erbgut der Menſchheit, ſo ſchleppen ſich
die Diamantenvorräthe durch die Generationen fort und
überdauern die Geſchlechter, die Staaten, die Völker.

Dieſe Ewigkeit des Diamants iſt aber doch, was
ich hier gleich bekennen will, mit einem Körnchen Salz
zu nehmen, denn der „Abamas“, der „Unbezwingbare“,
wird bezwungen vom Feuer, von der Gluth. Der große
engliſche Denker Newton vermuthete zuerſt, der Diamant möge verbrennbar ſein, denn er fand, daß beim
Durchgang durch denſelben die Lichtſtrahlen eine ſo ſtarke
Brechung erlitten, wie dies ſonſt nur bei brennbaren
Körpern vorkommt. Newton heizte ſelbſt gehörig unter
einem Diamanten ein, aber ohne Erfolg. Auf Veranlaſſung
des Großherzogs Cosmus III. unternahm 1694
die Akademie von Florenz neue Verſuche mit dem
Schmelzen des Diamants. Sie wandte hiezu kein irdiſches
Feuer an, ſondern die Sonnenwärme im Brennpunkte
eines rieſigen Brennſpiegels. Dieſe ungeheure Gluth ver-
wandelte den Diamant in Dampf; er bekam zuerſt
Riſſe, ſprühte heftig und verſchwand ohne eine Spur
von Schmelzbarkeit zu zeigen. Kaiſer Franz I. wünſchte

später das Experiment zu wiederholen und warf für
diese Liebhaberei 6000 fl. aus. Diamanten von diesem
Werthe wurden 1750 zu Wien in einen Tiegel gelegt
und während vierundzwanzig Stunden der höchsten Glühhitze ausgesetzt. Die Diamanten wurden immer kleiner
und verschwanden zuletzt. Das Verbrennen von Diamanten
war nun Liebhaberei, noble Passion, und besonders die
Pariser wurden stark darin. Sie waren es auch, die
Abwechslung in die Sache brachten. Denn eines schönen
Tages kam der Diamantenhändler Leblanc zu den
Gelehrten der hochweisen Pariser Akademie und erklärte
ihnen geradeaus, die Sache mit dem Verbrennen von
Diamanten sei nicht wahr, vielmehr könne er sie aus
eigener Erfahrung eines Bessern belehren, dahin, daß
der Diamant durch Einwirkung von Hitze schöner werde,
er selbst habe mehrere fleckige Diamanten auf diesem
sehr gewöhnlichen Wege gereinigt. Machen wir den Versuch, hieß es da von Seiten der Gelehrten. Herr Leblanc war bereit und gab seine Diamanten in Kohle
und Kreide verpackt zur Untersuchung her. Drei Stunden lang heizten die Gelehrten den Ofen, dann öffneten
sie den Tiegel und siehe da — die Diamanten waren
fort! Der Juwelenhändler zog mit dem Schaden und
Spott davon und die Wissenschaft stieg gar gewaltig im
Ansehen. Dieses Mißgeschick ließ einen Collegen des
Herrn Leblanc, mit Namen Maillard, nicht schlafen,
wußte er doch als ein alter Practicus, daß die Diamanten durch Hitze geklärt werden können. Es hätte
sonderbar zugehen sollen, wenn sich das nicht vor den

Augen der „Gelehrten" bestätigen sollte. Also packte er
drei seiner besten Diamanten sehr sorgfältig in Kohlen=
pulver und ließ die Akademiker einheizen, so viel sie
wollten. Diese schürten eine wahre Höllengluth, aber der
Practicus rieb sich seelenruhig die Hände und als man
den Tiegel endlich öffnete, da — waren die Diamanten
noch so prächtig da wie vorher! Seltsamer Widerspruch;
kein Mensch konnte sich dieses abweichende Verhalten
erklären. Zuletzt kam einer der Gelehrten, welche unter den
Diamanten des Herrn Maillarb eingeheizt hatten, der
junge Millionär Lavoisier, auf die richtige Spur; er
fand, daß beim Verbrennen des Diamants Kohlensäure ent=
steht. Der Diamant ist reiner Kohlenstoff, er ist der
nächste Anverwandte der Feuerkohle; beim Zutritt von
Sauerstoff verbrennt er und entwickelt Kohlensäure,
wird aber dem Sauerstoffe der Luft der Zutritt abge=
schnitten, so kann der Kohlenstoff für sich nicht verbrennen,
mag man so lang heizen, als man will. Leblanc
hatte seine Diamanten bloß nicht luftdicht in Kohlenstaub
eingeschlossen und deßhalb waren sie verbrannt; Mail=
larb war aufmerksamer und rettete dadurch seine Edel=
steine und den Ruf des Practicus. Der Diamant also
besteht aus Kohlenstoff, das ist so sicher, daß sogar ein
berühmter französischer Chemiker aus Eisen und Diamant
Stahl dargestellt hat. Aber auf welche Weise der Diamant
entsteht, das weiß man durchaus nicht, so daß umgekehrt
aus Kohlenstoff keine Diamanten künstlich herzustellen sind.
Eine merkwürdige Ansicht über die Entstehung des
Diamants hat Liebig ausgesprochen. Denke man sich,

sagte schon 1842 dieser berühmte deutsche Chemiker, die
Verwesung in einer Flüssigkeit vor sich gehen, welche an
Kohlenstoff und Wasserstoff reich ist, so wird eine an
Kohlenstoff stets reichere Verbindung erzeugt werden, aus
der sich zuletzt als Endresultat der Verwesung Kohlen=
stoff in Substanz und zwar krystallinisch abscheiden muß.
Die Bildung des Diamants durch hohe Temperatur ist
wenig wahrscheinlich, da er sich unter dem Einflusse sehr
intensiver Hitze schwärzt; weit wahrscheinlicher ist eine
Bildung desselben auf nassem Wege. In der Schatz=
kammer des Kaisers von Brasilien befindet sich ein
Diamant, auf welchem der deutliche Eindruck eines Sand=
kornes sichtbar ist. Dieser Diamant muß sich also ur=
sprünglich in einem weichen Zustande befunden haben.
Harting fand Eisenkies in gewissen Diamanten und
Petzholdt entdeckte sogar Reste von Pflanzenzellen in
den Rückständen der zwischen den Kohlenspitzen einer
starken elektrischen Säule zu Coaks verbrannten Diamanten.
Die Krystallisation des Kohlenstoffes auf nassem Wege
führt daher gewiß zur Bildung von Diamanten; wenn
wir dagegen in unseren Laboratorien die Kohlen krystal=
lisiren lassen, so erhalten wir bloß Graphit und können
Bleistifte daraus machen.

Die Hauptfundorte der Diamanten sind Ostindien
und Brasilien, wo sie im angeschwemmten Lande und
im Flußsand gefunden werden. Dieß ist freilich ihr ur=
sprünglicher Lagerort gewiß nicht, sondern das Wasser
hat sie hierhin transportirt; wo aber das Muttergestein
des Diamants zu suchen ist, davon weiß man zur Zeit

nichts. Die ostindischen Diamanten reichen geschichtlich bis
in die ältesten Zeiten des Landes zurück und selbst noch
darüber hinaus kommen sie in den Heldengesängen der
alten Sagenzeit vor, ja der größte Diamant, den man
kennt und auf den wir noch zurückkommen, wird gleich
in den ältesten Gesängen der Indier genannt. Er ist
heute noch vorhanden und hat den Wechsel der Reiche
und Zeiten überdauert, ohne — verloren gegangen
zu sein.

Der Diamantenreichthum Brasiliens ist erst viel
später bekannt geworden; vor dem Jahre 1727 ahnten
die Spanier nicht, daß der kostbare Edelstein in gewissen
Flußgebieten jenes Landes gefunden werde. Gegenwärtig
findet sich das Hauptlager der Diamanten Brasiliens
zu Sao Joao do Barro bei Tejuca, welches heute den
lockenden Namen Diamantina führt. Den Ort, wo sich
die Diamantenwäschereien befinden, nennen die Einwohner
Serviço Diamantino und zwar sind solche Serviço's do
Rio, wenn sie sich in einem mit Wasser gefüllten oder
ausgetrockneten Flußbett befinden. Die ersten Serviço's
sind die am wenigsten angenehmen, denn um der ver-
mutheten Diamanten habhaft zu werden, muß man vorerst
das Wasser ableiten und dann im Flußbette graben —
um oft die Auslage nicht einmal wieder zu bekommen.
Wo sich ausgetrocknete Flußbette befinden, kann man
unmittelbar an die Arbeit gehen und die oberflächlichen
Schichten wegbringen, bis man auf das diamantführende
Gestein kommt.

Die Serviço's do Campo befinden sich auf den

Bodenerhöhungen zwischen gewissen Flußgebieten, wo=
selbst die Diamanten unter Trümmergestein aufgefunden
werden. Es kommen dort unregelmäßig zerstreute Dia=
mantenlager vor, welche oft enorm reich sind; aber welcher
Leitstern kann hier zur glücklichen Auffindung führen?
Man kennt keinen, der Zufall spielt die Hauptrolle
und der arme Faiscabor oder Sucher arbeitet oft Jahre
lang unter Mühe und Noth an seinem Kieshaufen, wäh=
rend vielleicht ein paar Schritte davon sich ein Diaman=
tennest findet, just reich genug, ihn zum unabhängigen
Manne zu machen. Die Anzahl der in Brasilien gewon=
nenen Diamanten ist ungemein bedeutend, aber ihre
Größe übersteigt nur selten ein gewisses mittleres Maß.

Im Handel wird durchgängig der Werth der Dia=
manten nach dem Gewichte geschätzt, und zwar bedient
man sich dazu einer eigenthümlichen Gewichtseinheit, des
Karat, wovon 72 gleich 1 Loth kölnisch oder durch=
schnittlich 205 Milligramm sind. Ein Karat hat 4 Gran.
Die meisten brasilianischen Diamanten haben ein Gewicht
von 1 bis 2 Gran, solche von 1 bis 5 Karat sind
schon seltener, Steine von 30 bis 40 Karat gehören zu
den größten Seltenheiten. Trotzdem ist die Diamanten=
ausbeute des heutigen südamerikanischen Kaiserstaats eine
beträchtliche. In den ersten zehn Jahren nach Auffindung
der Diamanten in Brasilien wurden 200.000 Karat ge=
wonnen, von 1740 bis 1772 sogar 1,700.000 Karat,
seitdem hat der Reichthum abgenommen, die Ausbeute ist
geringer geworden, weil man die am leichtesten zu ge=
winnenden Steine meist weggenommen hatte. Im All=

gemeinen schätzt man das Gesammtgewicht aller in Bra=
silien bis zum Jahre 1850 gefundenen Diamanten auf
circa 50 Centner im Werthe von etwa 120 Millionen
Thaler.

Zu den merkwürdigsten Entdeckungen der Neuzeit
gehört das Auffinden von Diamanten im Uralgebirge
1829 durch die Expedition Humboldt's nach Sibirien.

Der Diamant ist, wie ich bereits hervorhob, seit den
ältesten Zeiten den Menschen bekannt und von ihnen
gesucht und hoch geschätzt worden. Freilich knüpfen sich
eine Menge Fabeln und viel ungereimtes Zeug an diesen
Stein. Plinius, der große Naturhistoriker des Alter=
thums, dessen Belesenheit vielleicht bloß von seiner Leicht=
gläubigkeit in naturwissenschaftlichen Dingen, die aber
im Wesen seiner Zeit lag, übertroffen wird, berichtet
vom Diamanten die tollsten Dinge. Nach ihm kommt er
nur in Goldgruben und da bloß selten vor. Legt man
ihn auf den Amboß, so stößt er den Schlag des Ham=
mers zurück. Feuer kann ihn nicht erwärmen. Aber merk=
würdiger Weise macht ihn Bocksblut weich und Pli=
nius preist die Gnade der Götter, welche den sterb=
lichen Menschen ein so großartiges Geheimniß offenbart
hätten. Wenn aber auch, setzt er hinzu, auf diese Weise
das Zersprengen der Diamanten gelinge, so zersplitterten
sie doch in so kleine Stückchen, daß sie ein Mensch so
leicht nicht mehr wiederfinden könne. Die Seltenheit des
Diamants beweist wohl am besten der Umstand, daß
die wahnsinnige Mähre, welche Plinius seinen Lesern
auftischt, fast anderthalbtausend Jahre hindurch Glauben

fand, ja daß der gelehrte Albertus von Bollstädt, der nicht mit Unrecht der „große Albertus" (Albertus Magnus) heißt, die Fabel weiter erzählt und — wer weiß ob im Spott oder im Ernst — hinzufügt, der Bock müsse vorher einen tüchtigen Schluck Wein getrunken haben, auch könne es nicht schaden, wenn er dabei etwas Petersilie fresse. Heute weiß jedes Kind, was von solchen Fabeln zu halten ist und wir können darüber hinweggehen. So viel ist sicher, daß das ganze Alterthum den wahren Glanz des Diamants niemals hat sehen können, denn die Kunst ihn zu schleifen, mit seinem eigenen Staube zu poliren, datirt erst aus dem 14. Jahrhunderte. Im Jahre 1373 gab es eine besondere Zunft von Diamanten-Polirern in Nürnberg. Die Kunst, das Feuer der Diamanten durch Anschleifen regelmäßiger Facetten zu erhöhen, erfand übrigens erst Ludwig van Berquen aus Brügge in Flandern im 15. Jahrhundert. Er probirte seine neue Kunst gleich an einem großen Diamant, den ihm der Herzog Karl der Kühne zu diesem Zwecke anvertraute. Es ist derselbe Diamant, welcher unter dem Namen Sancy berühmt ist.

Die vorzüglichsten Schnittformen sind: Der Brillant, in der Hauptsache aus zwei abgestutzten an den Grundflächen mit einander verbundenen Pyramiden bestehend; fehlt die untere Hälfte, so hat man die Halbbrillanten. Die Brillantform hat zuerst der Cardinal Mazarin (1660) schleifen lassen. Die Rosette, aus einem von zwei Facetten-Reihen begrenzten Obertheile bestehend, während der untere Theil von einer Fläche begrenzt ist. Man muß diese Formen sehen, um sie zu kennen, und das Gleiche gilt auch von den minder wichtigen Formen der Tafelsteine, Treppenschnitte 2c.

Betrachten wir uns nun einmal die größten Brillanten, welche man kennt. Fast jeder derselben hat eine merkwürdige, oft blutbefleckte Geschichte. Eine Ausnahme macht bloß der „Braganza“, aber er ist auch wahrscheinlich gar kein Diamant, sondern ein kostbarer Topas. Im Jahre 1741 fand ihn eine Negerin in Brasilien; aber auch er hat keinem seiner Eigenthümer Glück gebracht, jetzt befindet er sich im portugiesischen Staatsschatze, wohin er kam, als König Joao VI. sich im Jahre 1821 von Brasilien nach Portugal zurückzog und die reichste Diamantensammlung, welche die Welt gesehen, mit sich brachte. Ganze Säcke voll Edelsteinen deponirte dieser edle Fürst wohl versiegelt und verwahrt in den Kellern der Bank von Lissabon, wo sie 40 Jahre lang unberührt lagen, bis 1863 die Cortes einsahen, daß es thöricht sei, ein Kapital im Keller zu verwahren, und die Diamanten in Gold umsetzten, d. h. verkauften. Wäre der „Braganza“ ein Diamant, so würde sein Werth, da er 1680 Karat oder ³⁄₄ Pfund wiegt, sich auf die anständige Summe von 400 Millionen Thaler belaufen; er ist aber, wie bemerkt, aller Wahrscheinlichkeit nach bloß ein wasserheller Topas. Geschliffen kann man den klaren Topas fast gar nicht vom Diamant unterscheiden. Der verrückte Hofrath Beireis, dessen Aufschneidereien sprichwörtlich wurden, behauptete, vom Kaiser von China einen Diamanten von drei Pfund Gewicht geschenkt erhalten zu haben. Göthe sah den Krystall, er hatte die Größe eines Straußeneies und würde, falls er nicht ein Bergkrystall gewesen wäre, an Werth die französische Kriegsschuld um ein Erklecfliches überstiegen haben. So ist auch der „Braganza" höchst wahrscheinlich gar kein Diamant und das wird um so wahrscheinlicher, wenn man sich erinnert, wie der prächtig geschliffene eilflöthige Diamant, den der brasilianische Minister Lisbao im Jahre 1858 in Wien funkeln ließ, auf die unschuldigste Weise von der Welt einem dortigen Professor der Mineralogie verrieth, daß er kein Diamant sei. Die Hofjuweliere und Juwelenhändler hatten scharf ausgerechnet, der kostbare Stein sei 50 Millionen Franken werth; nach der Probe des Herrn Professors sank der Werth auf weniger als ein Procent dieser Summe. Der Radscha von Mattan auf Borneo besitzt ein hübsches Familienstück in der Gestalt eines birnförmigen Diamants von 367 Karat Gewicht; auch hier weiß man nicht genau, ob es ein echter Diamant ist oder nicht.

Der berühmte „Kohinoor" (d. h. Berg des Lichtes) soll ursprünglich 11 Loth schwer gewesen sein, war ehemals Eigenthum des Großmoguls von Delhi, nachher ging er in den Besitz der Königin von England über, die ihn zu einem dreifachen Brillanten schleifen ließ. Dieses Schleifen wurde von Herrn Voorsanger aus Amsterdam ausgeführt. Die Arbeit begann am 6. Juli 1852 im Atelier des englischen Kronjuweliers und war, da eine Dampfmaschine von vier Pferdekraft zu Hilfe genommen wurde, in 38 zwölfstündigen Arbeitstagen beendigt. Uebrigens ist der Stein zu niedrig ausgefallen, um schön zu sein. Sein Gewicht hat sich durch das Schleifen auf 106 Karat vermindert, während es vordem 186 Karat betrug.

Der „Orlow" im Reichsscepter des Kaisers von Ruß= land wiegt 194¾ Karat, er ist vom reinsten Wasser, aber sein Schnitt sehr mangelhaft. Ursprünglich war er Eigenthum des Schah Nadir von Persien und in dessen Thronsessel befestigt. Nach der Ermordung dieses Fürsten kam er in die Hände eines Armeniers Namens Schafras, der ihn nebst einigen andern Edelsteinen von einem afgha= nischen Bandenführer für 50.000 Piaster gekauft hatte. Schafras war ein schlauer Handelsmann und wußte genau, wo große Diamanten am besten bezahlt werden. Er ging nach Amsterdam und trat mit dem russischen Hofjuwelier Lasarow in Unterhandlung. Dieser enthu= siasmirte die Kaiserin Katharina II. so sehr für den kost= baren Stein, daß sie ihn dem Armenier für 450.000 Silberrubel und den russischen Adelsbrief abkaufte. Merkwürdig ist, daß Orlow und Kohinoor zusammen zu passen scheinen, und um die Sache noch interessanter zu machen, fand man 1832 bei einer armen persischen Familie ein drittes Stück, was zusammen mit den beiden anderen ein Ganzes von hühnereiähnlicher Gestalt bildet. In altersgrauer Zeit scheinen diese Stücke vereinigt ge= wesen zu sein, erst später wurde aus Gründen, die kein Mensch weiß, der ursprüngliche Diamant in drei Stücke zersprengt und jedes von diesen machte dann seine langen und merkwürdigen Reisen durch die Welt, um schließlich in einer fürstlichen Schatzkammer zur Ruhe gebracht zu werden.

Der „Schah" ist auch ein persischer Diamant, nur theilweise geschliffen, vom herrlichsten Glanze, 86 Karat schwer, auf seinen Flächen mit persischen Inschriften be= deckt. Der Sohn von Abbas Mirza hat ihn dem russischen Kaiser geschenkt.

Der „Regent" ist der herrlichste Brillant im französischen Kronschatze, 136¾ Karat schwer und vom reinsten Wasser. Sein ursprüngliches Gewicht betrug 410 Karat; zwei Jahre lang hat man an ihm geschliffen und 27.000 Thaler Unkosten darauf verwendet. Dafür aber waren die Abfälle allein 50.000 Thaler werth! Dieser Stein stammt aus Golkonda in Ostindien, wo er von einem Sklaven im Jahre 1702 zufällig gefunden wurde. Dieser erkannte den Werth seines Fundes so gut, daß er sich eine große Wunde am Körper beibrachte, in welcher er den Stein verbarg. Thörichter Weise theilte er sein Geheimniß einem Matrosen mit, dieser entlockte ihm den Stein und stürzte den unglücklichen Sklaven ins Meer. Der Matrose verkaufte den Stein für 1000 Pfund Sterling, brachte aber dieses Geld bald durch und er= hängte sich in Verzweiflung. Der Diamant kam in den Besitz des indischen Diamantenhändlers Jamchund und von diesem kaufte ihn der englische Gouverneur Pitt für 312.500 Francs. Kaum wurde die Existenz des werthvollen Edelsteins in Europa bekannt, als auch schon bei dem glücklichen Eigenthümer Nachfragen nach dem Preise einliefen. Endlich kaufte der Herzog von Orleans im Jahre 1717 den Stein für Ludwig XV. für die anständige Summe von 3,375000 Francs. Die Commission von Juwelieren, welche im Jahre 1791 die Edelsteine der französischen Krone abzuschätzen hatte, taxirte den Werth des Steines auf 12,000000 Francs. Am 17. September des folgenden Jahres, zur Zeit der Schreckensherrschaft, ward er plötzlich mit sämmlichen anderen Edelsteinen gestohlen. Vergeblich waren alle Anstrengungen der Polizei, den Dieb ausfindig zu machen, und so traf es sich denn, daß der größte Diebstahl, der jemals begangen worden, auch der geheimnißvollste blieb. Endlich verrieth ein anonymer Brief, daß der kostbare Stein an einem gewissen Orte in den elysäischen Feldern versteckt liege, man suchte nach und fand ihn. Durch Geldnoth gezwungen, versetzte ihn später die französische Republik in Berlin bei einem Kaufmann, doch löste ihn Frankreich wieder ein und Napoleon trug ihn am Degenknopfe. Fast hätten die Preußen bei Waterloo den merkwürdigen Stein erobert; dafür erbeuteten sie einen kleineren von 34 Karat. Frankreich besitzt seinen großen Diamant noch heute.

Der „Sancy" ist birnförmig, er wiegt 53 ½ Karat und soll 1,000000 Francs werth sein. Er kam im 15. Jahrhunderte nach Europa und gelangte in den Besitz Karls des Kühnen von Burgund, welcher den Diamant in der unglücklichen Schlacht bei Nancy (1477) trug. Ein schweizerischer Soldat plünderte die Leiche des Herzogs und verkaufte den erbeuteten Stein um eine Kleinigkeit. Nachdem der Diamant mehrmals verkauft

worden war, kam er in Besitz des Grafen Nikolaus de
Sancy. Als dieser die Geldnoth seines Königs Heinrich III.
von Frankreich erfuhr, dessen Gesandter er in der Schweiz
war, sandte er von Solothurn aus einen treuen Boten
nach Paris, dem Könige den Stein anzubieten. Die
Sache wurde ruchbar und der Bote im Juragebirge er=
mordet. Man fand den Diamanten im Magen des Un=
glücklichen. Später kam das Juwel in den französischen
Kronschatz und wurde mit dem „Regent" am 17. Sep=
tember 1792 gestohlen. Den „Regent" fand man wieder,
den „Sancy" nicht; kein Mensch wußte von seinem Ver=
bleiben. Da plötzlich tauchte er unter den Napoleoniden
wieder auf und wurde von diesen für eine halbe Million
Francs an den Fürsten Demidoff nach Rußland ver=
kauft. Gegenwärtig besitzt ihn Frau von Karamsin,
an welche er durch Erbschaft fiel.

Der „Florentiner" wiegt 139½ Karat, fällt aber
bezüglich seiner Farbe stark ins Citronengelbe. Auch ihn
besaß einst Karl der Kühne von Burgund, verlor
ihn aber in der Schlacht bei Grandson. Ein Schweizer
fand ihn im Helme des Herzogs und verkaufte ihn für
einen Kronenthaler an einen Geistlichen. Durch manche
Hände gehend, kam der Edelstein endlich für 20000
Ducaten in den Besitz des Papstes Julius II. Gegen=
wärtig befindet er sich im Schatze des Kaisers von
Oesterreich und man schätzt seinen Werth auf 700000
Thaler.

Der „Stern des Südens" wurde im Juli 1853
in der Provinz Minas Geraes gefunden, er wog 245

Karat und wurde durch Herrn Voorsanger in Brillant=
form geschnitten; gegenwärtig wiegt er nur 125 Karat
und gehört einem Herrn Halphen. Man schätzt seinen
Werth auf 2 Millionen Francs.

Der türkische Sultan besitzt ein paar Diamanten
von 147 und 84 Karat; doch ist etwas Genaueres dar=
über nicht bekannt. Diamanten von 40 bis 50 Karat
Gewicht sind mehrfach vorhanden, so der „Polarstern"
(40 Karat) im russischen Schatze, der Diamant des
grünen Gewölbes zu Dresden (48½ Karat) und andere.

Die Werthschätzung eines Diamanten ist eine schwie=
rige und vielfach willkürliche Sache; sie hängt haupt=
sächlich, aber nicht ausschließlich, von der Größe, der
Reinheit, dem Feuer des Diamants ab. Rohe Diamanten
sind schwer zu tariren, weil erst der kunstgemäße Schnitt
zeigt, welches Feuer der Stein besitzt. Im Durchschnitt
kostet ein vollkommen geschnittener Brillant von einem
Karat Gewicht und reinem Wasser etwa 80 Thaler. Bei
großen Diamanten steigt der Preis schnell mit der Größe.
Diese Werthschätzungen ebenso wie die enormen Preise,
welche für die großen Diamanten gefordert und bezahlt
werden, sind natürlich bloß eingebildete, sie werden dafür
erzielt, weil man einmal den unvergänglichen Edelstein
liebt, fast ähnlich wie Holländer früher einmal ihre
Vorliebe den Tulpen zuwandten und ein paar Tulpen=
zwiebel ein Vermögen repräsentirten. An und für sich
ist ein Stück Eisen bei weitem nützlicher für den Menschen
als der theuerste Diamant. Was sollte die Menschheit
wohl anfangen, wenn die Diamanten, selbst als Brillanten

geschliffen, wie Kieselsteine herumlägen und dafür das
Eisen so selten wäre, wie heute der Diamant?

Erst ganz kürzlich hat man den Diamanten eine
praktische Seite abgewonnen, indem sie der Franzose
Lefchot zum Durchbohren der Felsen vorschlug und
darauf bezügliche Versuche am Mont Cenis sehr glän=
zende Resultate lieferten. Merkwürdiger Weise haben die
alten Hebräer diese Verwendungsart des Diamants
richtig erkannt, denn sie nannten ihn Jachalom, d. h.
Bohrer.

Die menschliche Gesellschaft im Lichte der Statistik.

I.

Ueber wenige Zweige der Wissenschaft herrschen so
mannigfache und meist so unrichtige Ansichten, wie über
Statistik. Der Eine meint, man habe darunter die mög=
lichst bunte und possirliche Zusammenstellung von allerlei
Thatsachen zu verstehen; ein Anderer denkt sich unter
Statistik nicht mehr und nicht weniger als die periodisch
wiederkehrende Zählung von Menschen und Hausthieren
in den modernen Staaten, ein Dritter endlich glaubt,
Statistik sei nichts Anderes als eine Sammlung von
Zahlen, die dazu dienen, den verschiedenartigsten Be=
hauptungen eventuel als Unterlagen zu dienen, nach dem
Sprüchworte: Zahlen beweisen! Daß die Statistik eine
hohe Wichtigkeit besitzt und ihre Aufgabe, um mit Engel
zu sprechen, darin besteht: „das Leben der Völker und
Staaten und ihrer Bestandtheile in seinen Erscheinungen
zu beobachten und authentisch aufzufassen und den Causal=
Zusammenhang zwischen Ursache und Wirkung analytisch
darzulegen," davon haben nur Wenige eine Ahnung.
Die Statistik erscheint hier als eine Physik und Physiologie

der Gesellschaft und vermittelt in dieser Stellung
gleichsam den Uebergang der Staats- und Gesellschafts-
Wissenschaften zu den Natur-Wissenschaften. Quetelet,
der eigentliche Begründer der heutigen wissenschaftlichen
Statistik, bezeichnete sie geradezu als „sociale Physik".
Von diesen Gesichtspunkten aus erscheint die Statistik
als ein sehr wichtiger Zweig der Wissenschaft, besonders für Denjenigen, der die Zustände der menschlichen Gesellschaft untersuchen und studiren will; sie repräsentirt im eigentlichen Sinne des Wortes den Rechen-
schaftsbericht über die Fortschritte der Humanität. Hiernach springt die Wichtigkeit der Statistik in die Augen
und es wird nicht leicht Jemand die Frage nach der
Nützlichkeit der Bestrebungen, den ursächlichen Zusammenhang der Erscheinungen zu entdecken, aufwerfen. Eine
solche Frage ließe sich, wie Engel richtig bemerkt, schon
aus der Culturgeschichte treffend und kurz beantworten.
„Unter Ludwig XI. von Frankreich mußte man der dieses
Land verheerenden Pest und Hungersnoth kein anderes
Mittel entgegen zu setzen, als Gebete und Processionen;
die Wohnungen ließ man aber voll Koth und die Felder
bestellte man auf das erbärmlichste. Im Jahre 1778
schrieben die Bewohner der Küste Norwegens die Abnahme der Fische in ihren Gewässern der Impfung der
Kinderblattern zu, welche damals in jenen Gegenden zum
Widerwillen der Bewohner, die darin einen Eingriff in
die göttliche Ordnung der Dinge erblickten, eingeführt
wurde. Wie steht es hier mit dem Causal-Zusam-
menhang?

„Jedoch wir brauchen kaum so weit zurück zu gehen. Wir sehen, wie man in unseren Tagen bemüht ist, die vermehrte Armuth mit vermehrter Wohlthätigkeit zu heilen, ohne Acht darauf zu haben, daß in dem Lande, in welchem das Meiste für die Armuth gethan wird, sie sich reißend vermehrt und daneben leider auch die Sitt= lichkeit sinkt. Wer aber hält sich wohl davon überzeugt, daß das Wachsthum der Armuth nicht die Ursache der vermehrten Wohlthätigkeit, sondern die Folge davon sei? Es wird bei einer anderen Gelegenheit nachgewiesen werden, wie sehr dieser letztere Ausspruch auf Wahrheit beruht.

„Die erleuchteten Begriffe auf beregtem Gebiete, die Fähigkeit, die Wirkungen besser an ihre wahren Ur= sachen zu knüpfen, sind sonach Fortschritte zum Nutzen der Gesellschaft. Es ist augenscheinlich, daß, seit das Wesen der Pest und der Theuerungen genauer bekannt ist, man sich besser vor ihnen zu schützen weiß; denn die Pest erscheint nicht mehr unter civilisirten Völkern und unter ihnen herrscht fast nie wahre Hungersnoth. Die verheerenden Wirkungen der Cholera, des Hungertyphus unserer Tage, stehen nicht im entferntesten Verhältniß zu den Wirkungen der Pest und der Theuerung früherer Jahrhunderte."

Es sind in der That merkwürdige und oft ganz unerwartete Resultate, zu welchen die Statistik leitet. Wer hätte z. B. je geglaubt, daß die menschliche Gesell= schaft im Ganzen bezüglich der Geburten und Todesfälle, der Zahl der geschlossenen Ehen, der Dauer des Lebens,

16*

der Verbrechen ꝛc. von ganz bestimmten Gesetzen beherrscht wird, denen gegenüber der Wille des Einzelnen völlig machtlos ist? Die Wissenschaft der Statistik hat dies heute mit vollster Evidenz erwiesen.

Das Sprüchwort: „Nichts ist ungewisser als das Jahr des Todes", hat seine vollkommene Berechtigung, wenn man einen einzelnen Menschen aus der Menge herausnimmt; aber es wird sofort unrichtig, wenn man eine Gesammtheit von zehntausend, von hunderttausend, von einer Million Menschen in Betracht zieht. In diesem letzteren Falle vollzieht sich das Ableben Jahr für Jahr in derselben Weise mit der größten Regelmäßigkeit. Ich will zum Beweise dieser Behauptung aus dem Berichte des Registrar General folgende Zahlen mittheilen. In England und Wales kamen im Durchschnitt jährlich auf 10.000 Lebende

im Jahre	1838:	224	Todesfälle,
„ „	1839:	219	„
„ „	1840:	229	„
„ „	1841:	216	„
„ „	1842:	217	„
„ „	1843:	212	„
„ „	1844:	216	„
„ „	1845:	209	„
„ „	1846:	231	„
„ „	1847:	247	Todesfälle.

Im Durchschnitt dieser 10 Jahre starben also jährlich in England und Wales von je 10.000 Menschen 222; die einzelnen Jahres-Ausweise schwanken unbedeutend

um diesen Mittelwerth und es findet kein periodisches
Steigen oder Fallen der Mortalität Statt. Greifen wir
aus der spätern Jahresreihe auf gut Glück ein be=
liebiges Jahr heraus, so finden wir ganz ähnliche Zahlen,
z. B. für 1852 eine Mortalität von 224 auf je 10.000
Lebende, für 1863 eine solche von 230, für 1868 von
222 u. s. w. Genau das Gleiche zeigen alle anderen
Länder, über welche ausreichendes statistisches Material
vorhanden ist. Die Einzelheiten verschwinden mehr und
mehr, je größer der Complex ist, den man ins Auge
faßt. Wenn es sich z. B. um Ermittelung des durch=
schnittlichen Alters handelt, so werden diese Bestimmungen
durchaus nicht dadurch beeinflußt, daß beispielsweise der
Ungar Peter Czartom drei Jahrhunderte und zehn
deutsche Kaiser nach einander sah, indem er von 1539
bis 1724, also 185 Jahre lang lebte, daß man dem
Kaiser Alexander I. von Rußland in den Ostseeprovinzen
einen Mann vorstellte, der mit Gustav Adolph als
Stallbursche herübergekommen war und demnach an
200 Jahre zählen mußte, u. s. w. Eben so wenig werden
die Bestimmungen der mittlern Körperlänge des Menschen
dadurch illusorisch, weil etwa der irische Riese Byrne,
dessen Skelet sich im Museum von Hunter befindet,
8 Fuß 4 Zoll maß, oder weil der Mann, den André
Thevet maß und der 1559 starb, sogar 11 Fuß 5 Zoll
erreichte, oder weil ein kleines Männlein, das Carbanus
gesehen haben will, in einem Papageibauer wohnte.
Solche Ausnahmen von der Regel verschwinden unter

der Gesammtheit und ihr Einfluß auf das, was die
Statistik den mittleren Menschen nennt, ist Null.

Die physischen Qualitäten bieten der Statistik leichte
und directe Vergleichungspunkte; aber wie soll man die
Intelligenz und die moralischen Eigenschaften numerisch
bestimmen? Hier hört alles directe Messen auf und es
wäre absurd, wenn Jemand behaupten wollte, der
Franzose besitzt $1\frac{1}{10}$ Mal so viel Intelligenz wie der
Spanier, oder der Deutsche hat $2\frac{1}{8}$ Mal mehr Moral
als der Italiener. Solche Qualitäten lassen sich direct
eben so wenig durch Zahlen vergleichbar darstellen, wie
etwa die Stellung Homer's und Göthe's in der
Literatur zu einander mathematisch berechnet werden kann.

„Die meisten socialen Erscheinungen," bemerkt
Engel, „sind nicht direct meßbar; man muß sie viel=
mehr aus anderen beurtheilen, die gleichsam eine Function
derselben sind. So kann die Mäßigkeit eines Volkes
ziemlich sicher aus dem Verbrauch der geistigen Getränke,
aus der Verbreitung der Mäßigkeitsvereine, aus der
Anzahl der wegen Betrunkenheit gerichtlich Eingezogenen
und Bestraften (im Vergleich zur Bevölkerung) u. a. m.
geschlossen werden. Die numerischen Ausdrücke dieser
Verhältnisse sind sonach die Symptome der Mäßigkeit.
Nicht so deutlich liegen die der Armuth einer Bevölkerung
vor. Allein man wird sich nicht sehr über den Grad der
Armuth eines Volkes täuschen, wenn man folgende That=
sachen kennt: die Sterblichkeit der Kinder in ihren ersten
Lebensjahren; die Frequenz der Findelhäuser und die
Zahl der Aussetzungen; die Frequenz der Wohlthätigkeits=

Anstalten und der Anstalten für Gesundheitspflege; das Verhältniß zwischen den in Spitälern und in eigener Behausung Verstorbenen; die Anzahl der Auswanderungen, welche nicht aus politischen oder religiösen Motiven erfolgen; die Anzahl der nothwendigen Subhastationen; die Anzahl der Steuer-Restanten; die Anzahl der wegen Schulden Verhafteten; die Anzahl der wegen Bettelns Bestraften; den Verbrauch an Kleidung u. s. w. Ebenso lassen sich diesen die Symptome des Reichthums oder der Wohlhabenheit gegenüberstellen."

Die Lehre von den Symptomen bildet einen wichtigen Theil der Statistik als einer socialen Physik; je mehr übereinstimmende Symptome in einem gewissen Falle gegenwärtig befunden werden, um so weniger sind Irrthümer möglich, um so sicherer sind die Schlüsse, welche man ziehen kann. Wenn wir z. B. finden, daß in Frankreich die Zahl der Geburten abnimmt und die „große Nation" in Bezug auf die mittlere Frequenz des Nachwuchses den letzten Rang einnimmt unter den Staaten Italien, Oesterreich, Deutschland, Schweiz, Niederlande, England, Norwegen und Dänemark, so ist dies ein Symptom, welches uns sagt, daß in Frankreich die Lage der Gesellschaft im ganzen eine durchaus nicht befriedigende ist; wenn wir nun ferner finden, daß sich das procentische Verhältniß der Todesfälle nicht verringert, sondern langsam wächst, so haben wir ein weiteres Symptom und unser Schluß über die Fäulniß der Gesellschaft in Frankreich wird ein um so sicherer. Wie schlimm es drüben aussieht, das mag man an der That-

sache abmessen, daß nach den eigenen Angaben franzö=
sischer Statistiker der Ueberschuß der Geburten über die
Todesfälle jährlich pro Million Bewohner in Preußen
13.300, im glorreichen Frankreich aber nur 2400 be=
trägt!! Im Jahre 1858 hatte Preußen 17,739.913
Bewohner, 1864 dagegen 19,255.139, so daß der
sechsjährige Zuwachs hier 1,515.226 Menschen betrug,
während in der gleichen Zeit das damals mehr als
doppelt so volkreiche Frankreich nur um 680,934 Ein=
wohner stieg — zum guten Theile noch sogar Einwan=
derer! Unter solchen Verhältnissen kann es nicht Wunder
nehmen, wenn Frankreich (Elsaß=Lothringen abgerechnet)
von 1866 bis 1872 um 366.953 Seelen abgenommen
hat! Der Krieg erklärt diese Abnahme nur zum aller=
geringsten Theile. Aus solchen übereinstimmenden Symp=
tomen schließt der Statistiker auf ein langsames Zer=
bröckeln der betreffenden Gesellschaft und erklärt, daß sie
im Kampfe ums Dasein immer mehr auf die Seite
Derer gedrängt wird, die auf dem Aussterbe=Etat stehen.

Dieses Beispiel bietet eine Anwendung der Lehre
von den Symptomen auf die Zustände eines ganzen
Volkes.

II.

Unter allen Gesetzen, deren Ermittelung mit Hilfe
statistischer Untersuchungen von allgemeinerm Interesse
ist, stehen diejenigen, welche sich auf Geburt und Tod
des Menschen beziehen, mit in erster Linie. Es liegt
auch hierüber gegenwärtig ein großes und wohl gesichtetes
Material vor, so daß der Statistiker bezüglich mancher
Länder im Stande ist, voraus zu sagen, wie viel Ge=
burten und Todesfälle dort im nächsten Jahr stattfinden
werden, ohne daß er Gefahr läuft, in seinen Voraus=
bestimmungen sich zu irren.

Untersucht man die Frequenz der Geburten in der
Ehe für die einzelnen Länder Europa's, so findet man,
daß diese durchaus nicht überall gleich ist, sondern im
Allgemeinen von Süd nach Nord hin abnimmt. So
entfallen auf je 100 Ehen in Portugal 510 Geburten,
in Piemont 478, in Baiern 442, in Preußen 440, in
der Schweiz 432, in England 418, in Dänemark 390,
in Frankreich 330. Freilich läßt sich hieraus noch keines=

wegs ein Schluß auf die Frequenz des Populations=
Nachwuchses in diesen einzelnen Ländern ziehen, denn
wie S a b l e r und Q u e t e l e t nachgewiesen haben, treten
zahlreiche Geburten stets zusammen mit zahlreichen Todes=
fällen auf. In Spanien kommen durchschnittlich auf je
100 Sterbefälle 132 Geburten, in Preußen 138, in
Dänemark 153, in England 172, in Norwegen 193;
Frankreich mit 111, steht wiederum auch hier am Ende
der Reihe.

Die Zahl der Geburten ist durchaus nicht in allen
Monaten des Jahres die gleiche. Schon vor fast einem
halben Jahrhundert hat Q u e t e l e t gefunden, daß,
während die Todesfälle im Januar ihre höchste Zahl
erreichen, das Maximum der Geburten auf den Monat
Februar fällt und sechs Monate später die geringste Zahl
derselben eintritt. V i l l e r m é kam später durch seine Unter=
suchungen zu demselben Ergebnisse und zog den weiteren
Schluß, daß jene Ungleichheit hauptsächlich den Ver=
änderungen der Temperatur zuzuschreiben sei. Dieser
Schluß wird durch die Ermittelungen zu Buenos=Ayres
in Südamerika bestätigt. Dort ist bekanntlich Sommer,
wenn bei uns Winter herrscht und umgekehrt, es herr=
schen also in den gleichen Monaten dort und hier die
entgegengesetzten Jahreszeiten. Dem entsprechend fallen
in Buenos=Ayres die meisten Geburten in die Monate
Juli, August und September, die wenigsten in die Mo=
nate Januar, Februar und März. Merkwürdiger Weise
tritt der Einfluß der Jahreszeiten unter allen statistisch
bearbeiteten Ländern am wenigsten in Sachsen hervor.

Wappäus, der hierauf aufmerksam machte, meint, daß
sich hierin der besondere Charakter dieses Landes aus=
drücke, nämlich der Charakter eines sehr dicht bevölkerten,
überaus industriellen Landes, bei dessen Bevölkerung die
physischen Einflüsse um so mehr zurücktreten müssen, je
mehr überhaupt eine überwiegend industrielle Bevölkerung
bei ihrer maschinenartig Jahr aus Jahr ein sich gleich=
mäßig fortbewegenden Arbeit auch in ihrem Leben ein
maschinenartig gleichförmiges, abgeschliffenes Wesen an=
nehme, welches eben so sehr der Natur entfremdet, als
es nationale Sitten und Gewohnheiten ertödtet. Eduard
Reich macht hierzu die Bemerkung: „Wenn die Welt
zum Arbeitshause, zur Fabrik, der Mensch zum Werk=
zeuge, zum Rade in der Maschine, oder zum vollendeten
Kunstthiere wird, wirken die Jahreszeiten anders auf
ihn ein, und so wie er selbst sich verschiebt, so ver=
schieben sich auch die natürlichen Vorgänge, welche in
ihrer Gesammtheit das Leben ausmachen.“

Eine merkwürdige und überall wiederkehrende That=
sache ist es, daß einige Procent mehr Knaben als Mäd=
chen zur Welt kommen. Obenan in dieser Beziehung
steht Rußland, das Verhältniß ist hier 1089 zu 1000,
in Frankreich ist es 1066 zu 1000, in Preußen 1059
zu 1000, in England 1047 zu 1000, in Schweden
1046 zu 1000. Ob das Klima in dieser Beziehung von
Einfluß ist, läßt sich nicht genau erweisen, dazu bedarf
es noch zahlreicher Beobachtungen, besonders aus südlichen
Ländern. Eine Zusammenstellung der Civilstandsregister

der Capcolonie ergibt für die Jahre 1813—1820 unter
der freien weißen Bevölkerung 6604 männliche und 6789
weibliche Geburten, demnach das Verhältniß der ersteren
zu den letzteren wie 96 zu 100. Die Sklavenbevölkerung
ergab in den nämlichen Jahren 2936 männliche und
2826 weibliche Geburten, also das beiderseitige Verhältniß
wie 104 zu 100. Es fehlt hiernach sehr an statistischem
Material, und es dürfte noch manches Jahrzehnt ver-
gehen, ehe es der Wissenschaft gelingt, die angeführte
merkwürdige Thatsache nach ihren Ursachen zu ergründen.
Ueberhaupt besitzt man über die Geburten weniger statistisches Material als über die Todesfälle, vielleicht, wie
Quetelet meint, weil der Mensch weniger Interesse
daran hat, zu wissen, wann und wie er ins Leben ein-
trat, als wie er dasselbe wird verlassen müssen. Die
Gesetze, welche die Frequenz der Geburten beherrschen,
sind ihm mehr Objecte der Neugierde, während ihm hingegen die Kenntniß der Chancen, welche er hat zu leben
oder zu sterben, von Wichtigkeit erscheint.

Kriege, Seuchen und Theuerungen vermindern die
Zahl der Geburten; besonders der Krieg ist von größtem
Einflusse. Es gehört daher schon eine gute Portion
Wahnsinn dazu, wenn der verrückte Proudhon im
Jahre 1861 drucken ließ: „Der Krieg ist die tiefste und
feinste Erscheinung unseres sittlichen Lebens. Keine andere
läßt sich ihm vergleichen. Der Krieg, in welchem eine
falsche Philosophie und eine noch falschere Menschen-
freundlichkeit ein entsetzliches Uebel erblickt: er ist die
unverderblichste Entäußerung unseres Gewissens, ein Act,

der uns hoch ehrt vor Schöpfung und Ewigkeit." Es erfordert die ganze Feinheit und das ganze Phrasengeflingel der französischen Sprache, um solchen Unsinn ernsthaft in die Welt schicken zu können; in unserer kernigen, logischen, deutschen Sprache wäre es absolut unmöglich.

III.

Gehen wir zur Betrachtung der Sterblichkeits-Verhältnisse über, so müssen wir hier zuerst, gleich wie bei den Geburten, eine außerordentliche Regelmäßigkeit constatiren, wenn wir große Massen betrachten. Eine Tabelle, die sich auf England bezieht und diese Regelmäßigkeit beweist, wurde bereits im ersten Artikel mitgetheilt. Aehnliche Tabellen liegen über viele andere Länder vor, und sie zeigen ganz dasselbe. Man sollte glauben, daß Seuchen, wie z. B. die Blattern, die Cholera rc., die in einzelnen Jahren mit Heftigkeit auftreten, diese Regelmäßigkeit erheblich stören müßten; allein, so verheerend auch diese Krankheiten erscheinen, so ist ihr Einfluß auf die Mortalität größerer Bezirke doch nur ein sehr geringer. Schlägt man z. B. die statistische Zusammenstellung nach über die Zahl der Opfer sämmtlicher Cholera-Epidemien von 1831 bis 1866, so ergibt sich für den preußischen Staat, daß in diesen sämmtlichen Epidemien nur $\frac{4}{10}$ Procent der Bewohner jener Krankheit erlagen. An und für sich repräsentirt

dieſer Bruchtheil von Einem Procente ſchon eine beträcht=
liche Anzahl koſtbarer Menſchenleben, er umſchließt eine
unermeßliche Summe von Elend, Kummer und Noth;
aber was wir hier allein ins Auge zu faſſen haben:
auf das mittlere Sterblichkeits=Verhältniß iſt der
Einfluß nur gering. Das iſt freilich nicht immer ſo
geweſen; die Seuchen früherer Jahrhunderte traten in
einer Weiſe auf, daß ſie die Sterblichkeits=Verhältniſſe
ganzer Länder für Jahre total veränderten. Was
z. B. die Cholera anbelangt, ſo verſchwinden ihre, wenn=
gleich immerhin furchtbaren Wirkungen vollſtändig gegen=
über den Verheerungen, welche durch anſteckende Krank=
heiten in den früheren Jahrhunderten hervorgerufen
wurden. Von der furchtbaren Peſt, die im Jahre 542
begann und in den verſchiedenen Theilen Europa's faſt
ein halbes Jahrhundert andauerte, will ich nur bemerken,
daß ſie ganze Städte geradezu entvölkerte; ihr folgte im
Jahre 717 eine neue Epidemie, die drei Jahre dauerte
und in Konſtantinopel allein eine Drittelmillion Menſchen
töbtete. Sie wurde im Jahre 874 durch eine neue ver=
heerende Krankheit erſetzt, die ſich gleichfalls über einen
großen Theil von Europa ausdehnte. Im Jahre 996
wüthete das ſogenannte heilige Feuer unter den Menſchen
und 1092 begann abermals eine furchtbare Peſt, in
Folge deren weite Landſtriche ſämmtliche Bewohner ver=
loren und zur Wildniß wurden. Das Jahr 1310 brachte
für den größten Theil Europa's eine ſo furchtbare Peſt,
wie die Annalen der Geſchichte keiner ähnlichen erwähnen.
Verheerend ſchritt der Tod durch die Gauen Deutſch=

lands; Grabesstille ruhte über den gewerb= und verkehr=
reichsten Handelsstädten und scheu wich der Mensch dem
Menschen aus. Schrecklich wüthete die Seuche längs der
schönen Ufer des Rheinstromes; 15.000 Opfer verschlang
sie in dem reichen Basel, 16.000 in Mainz, 40.000 in
dem „hilligen" Köln. Es waren 30 Jahre seit dem
Aufhören dieser Seuche verflossen, als der „schwarze
Tod" auftrat und in Folge der schrecklichen Verheerungen,
welche er anrichtete, bald alle Bande staatlicher und
gesellschaftlicher Ordnung löste. Nachdem diese furchtbare
Krankheit zuerst an den Ufern des Euphrat und Tigris
gewüthet, nachdem Diarbekir und das gärtenreiche Da=
maskus fast zugleich ausgestorben waren, schritt sie gleich
einer Geißel Gottes nach Europa hinüber, raffte den
Kaiser Andronicus in Konstantinopel hinweg und brach
hierauf in Deutschland ein; 70.000 Menschen fielen ihr in
Wien zum Opfer, 80.000 fraß sie in London. Schrecken
lagerte über ganz Europa. Von den weiten kalten Flächen
Rußlands bis in die Thalniederungen Spaniens drohte
der „schwarze Tod" alles menschliche Leben zu ver=
schlingen. Diese schreckliche Seuche wüthete 5 Jahre
hindurch und verschwand im Jahre 1531; allein fünf
Jahre später kam sie mit größerer Heftigkeit wieder.
Nach Petrarca blieben damals in Italien von 1000
Menschen keine 10 übrig und die Leichen wurden durch
die Fenster auf die Straßen geworfen, da Niemand vor=
handen war, sie zu begraben. Die allgemeine Meinung
war, das Menschengeschlecht werde gänzlich aussterben.
In allen Cholerajahren von 1831 bis 1866 inclusive

starben in der Rheinprovinz 12.620, in Westphalen 3330, in Schlesien 53.171 Menschen; und nun vergleiche man diese Zahlen mit jenen aus dem 16. Jahrhundert, wo eine Epidemie in einer Stadt 70.000 bis 80.000 Menschen tödtete, wo in einem Lande wie Italien unter je 1000 Bewohnern Hunderte der Krankheit zum Opfer fielen! Nach solchen Resultaten wird es gewiß Niemand mehr in Abrede stellen wollen, daß das Menschengeschlecht gegenwärtig eine ungleich beßere Stellung gegenüber den verheerenden Krankheiten einnimmt als in früheren Zeiten. Man könnte glauben, daß dies vielleicht nur deshalb der Fall zu sein scheine, weil überhaupt in dem gegenwärtigen Jahrhunderte die Epidemien in milderer Gestalt aufträten als im Mittelalter. Diese Meinung ist aber unrichtig. Wenn die Cholera nicht ganze Städte geradezu entvölkert, wie es die Pest früher gethan, so liegt dies nur an den in Folge vermehrter Einsicht der Menschen angeordneten beßeren sanitätlichen Maßregeln, die heutzutage ergriffen werden.

In früheren Jahrhunderten befanden sich z. B. die Kirchhöfe in den Ringmauern der Städte, viele Pfarrkirchen hatten ringsum ihren eigenen Kirchhof; dazu war es mit der Reinlichkeit der meist eng zusammen wohnenden Bevölkerung auch nicht eben gut bestellt. Muß man sich nach alle dem wundern, wenn eine Epidemie Jahre lang in den Städten haust und fast die ganze Bevölkerung fortrafft, besonders, wenn schließlich die Leichen nicht einmal mehr begraben werden? Abgesehen von allen Epidemien ist auch heute noch die durchschnittliche

Sterblichkeit überall da am größten, wo viele Bewohner in engen, niedrigen, schmutzigen Räumen zusammen= gepfercht leben. So stirbt z. B. in denjenigen Stadt= vierteln von New = York, in welchen die Hauptmasse der Bevölkerung aus armen Irländern besteht, von 19 Be= wohnern jährlich Einer, während in den wohlhabendsten Stadtvierteln jährlich auf 60 Bewohner erst ein Todter kommt. Ehe genügende sanitätliche Maßregeln ergriffen waren, starb in London alljährlich von 20 Menschen Einer, gegenwärtig nur von 45 Einer; in Philadelphia starb von 30 Menschen Einer, während nach Einführung guter Sanitätspolizei erst auf 51 Menschen jährlich ein Sterbefall kommt. Seit in Liverpool die Kellerwohnungen und schlechten Miethswohnungen genau beaufsichtigt, resp. untersagt werden, hat sich die Sterblichkeit um mehr als ein Drittel vermindert. Man hat hier ein angenfälliges Beispiel, in welchem Maße der Mensch auf den Grad der Sterblichkeit einzuwirken vermag. In welchem Grade der Wohlstand auf die Verlängerung des Lebens ein= wirkt, und wie Armuth das Leben verkürzt, zeigt folgende von Caspers zusammengestellte Tabelle. Hiernach leben von 1000 zu gleicher Zeit Geborenen

				Wohlhabende	Arme
nach	5 Jahren noch	. . .	943	. . 655
„	10	„	„	. . . 938	. . 598
„	20	„	„	. . . 866	. . 566
„	30	„	„	. . . 796	. . 486
„	40	„	„	. . . 695	. . 396
„	50	„	„	. . . 557	. . 283

	Wohlhabende	Arme
nach 60 Jahren noch	. . . 398	. . 172
„ 70 „ „	. . . 235	. . 65
„ 80 „ „	. . . 57	. . 9

Für reiche Leute stellte sich die mittlere Lebensdauer auf 50 Jahre, für Arme fand sie Casper zu nur 32 Jahren. Für London ist die mittlere Lebensdauer der wohlhabenden Stände 44 Jahre, der Armen nur 22 Jahre. Daß es nur der durch Armuth hervorgerufene mehr oder minder große Mangel an den nothwendigen Lebens= bedürfnissen, reichlicher, luftiger Wohnung, genügender körperlicher Pflege ꝛc. ist, welcher die große Sterblichkeit der ärmeren Stände hervorruft, beweisen folgende Zu= sammenstellungen.

In den 90 Jahren von 1694 bis 1784 betrug für Paris die durchschnittliche Sterblichkeit
in den 10 theuersten Jahren 25670 Sterbefälle
„ „ 10 billigsten „ 17529 „

Als im Jahre 1800 der Preis des Weizens in London 113 Schillinge betrug, ereigneten sich 25670 Todesfälle, im Jahre 1802, bei halb so hohen Weizen= preisen war die Sterblichkeit auf 20508 Personen ge= sunken. Man könnte bei diesen Angaben vielleicht an einen Zufall denken, wodurch gerade das Maximum der Todesfälle mit dem Maximum der Getreidepreise zusam= menfiel; allein die Zusammenstellungen der Todesfälle in 7 englischen Grafschaften ergaben im Jahre 1801 bei sehr hohen Getreidepreisen eine Sterblichkeit von

17*

55965 Perfonen, bei um bie Hälfte billigeren Getreibe=
preifen fiel bie Sterblichkeit auf 20508. Wem auch
biefe Zahlen noch nicht genügen follten, für ben will ich
ferner bemerken, baß Nicanber fanb, wie in Schweben
bie Theuerungsjahre eine weit größere Zahl von Sterbe=
fällen lieferten, als Jahre, in welchen bie Lebensmittel
billig waren; fo wurbe bie Sterblichkeit in Schweben im
Theuerungsjahre 1762 um 30 Procent, im Jahre 1773
fogar um 33 Procent vermehrt. Wie fehr Pflege unb
Sorgfalt auf bie natürlichen Lebensbebingungen bes
Körpers geeignet finb, bie Sterblichkeit zu verminbern,
beweist auch bie Sterblichkeit ber Kinder in ben erften
Lebensjahren. So fterben burchfchnittlich in Englanb
15 Procent ber lebenbig geborenen Kinder vor Erreichung
bes zweiten Lebensjahres, währenb in ben Familien ber
englifchen Peers nur höchftens 8 bis 10 Procent ber
Kinder im erften Lebensjahre fterben. Betrachtet man
größere Länder, fo finbet fich, baß unter 100 Kinbern
währenb bes erften Lebensjahres fterben:

in Englanb burchfchnittlich 15,

„ Belgien „ 15,

„ Preußen „ 18,

„ Sachfen „ 26,

„ Baiern „ 30.

Diefe enormen Unterfchiebe finb hauptfächlich nur ben
focialen Bebingungen, bem Wohlftanbe unb ber größern
ober geringern Bilbung bes Menfchen zuzufchreiben.
Baiern, bas hinfichtlich bes burchfchnittlichen Bilbungs=
grabes feiner Gefammtbevölkerung unb hinfichtlich bes

materiellen Wohlstandes derselben hinter Belgien und Preußen zurücksteht, zeigt auch eine weit größere Kinder= sterblichkeit als diese, und in Sachsen ist es die arme Bevölkerung der Fabrikdistricte, welche die enorme Kinder= sterblichkeit dieses Staates bedingt. „Bildung", sagt ein bekanntes Sprüchwort, „Bildung macht frei!" Man darf hinzusetzen: Bildung verlängert das Leben, indem sie durch Verbesserung der socialen Stellung und Erkenntniß der nothwendigen Lebensbedingungen, durch Vermeidung der schädlichen, das Leben abkürzenden Gewohnheiten und Sitten dem Tode viele Lebensjahre entringt und die Summe der von dem Menschengeschlechte geleisteten Arbeit um ein großes vermehrt.

Finlaison hat auf Grund der englischen Tontinen= gesellschaften ermittelt, daß bei den verschiedenen Alters= klassen, die wahrscheinliche mittlere Lebensdauer, also die Zahl der Jahre, welche ein Mensch des betreffenden Alters noch zu leben hat, betrug:

	im Jahre 1695	in den Jahren 1785—1825
im Alter von 5 Jahren	41 Jahre	52 Jahre
" " " 10 "	38 "	48 "
" " " 20 "	32 "	41 "
" " " 30 "	26 "	36 "
" " " 40 "	23 "	29 "
" " " 50 "	17 "	23 "
" " " 60 "	12 "	16 "
" " " 70 "	7 "	10 "

Man sieht aus dieser Tabelle, daß im Durchschnitt zu Anfang des gegenwärtigen Jahrhunderts jeder Mensch die Aussicht hatte, acht Jahre länger zu leben als zu Anfange des vorhergehenden Jahrhunderts. Diese Zahlen beweisen gleichzeitig, was von den Behauptungen Derer zu halten ist, die da sagen, das böse Menschengeschlecht von heute stehe in Bezug auf Lebenskraft und körperliche Gesundheit weit hinter seinen Vorfahren im Mittelalter zurück und es gehe alle Tage mehr und mehr mit ihm bergab. Diese Behauptungen sind ebenso ungeschickte Lügen, wie die damit parallel laufende, die heutige Menschheit sei in Bezug auf allgemeine Sittlichkeit im Verhältnisse zu früheren Jahrhunderten gesunken.

IV.

Aus einer sehr großen Anzahl von einzelnen An=
gaben hat man sogenannte Mortalitätstabellen zusammen=
gestellt; dieselben zeigen, wie viele von einer gewissen
Anzahl Menschen nach 5, 10 u. s. w. noch am Leben
sind. Diese Tafeln bilden die Basis auf der unsere
Lebensversicherungs = Gesellschaften ruhen. Ich will hier
einen kleinen Auszug aus einer solchen Tabelle mittheilen.

Alter	Zahl der Lebenden	Alter	Zahl der Lebenden
0	1000	45	340
5	580	50	300
10	534	55	254
15	512	60	211
20	490	65	160
25	468	70	111
30	437	75	69
35	408	80	38
40	370	85	18

Aus dieser Tabelle ersieht man auf den ersten Blick die ungeheure Sterblichkeit in den ersten Lebensjahren. Die Aussicht, daß ein Kind, wenn es zur Welt kommt, am Leben bleiben und ein reifes Alter erreichen wird, ist eine sehr geringe, aber sie nimmt zu mit den Jahren.

Für jedes Alter existirt eine gewisse Lebenswahr= scheinlichkeit, d. h. jedes Alter hat noch eine gewisse Anzahl von Jahren vor sich, welche die Hälfte der Leben= den sicher erreicht. Wir gelangen hier im Verfolge unserer Unterhaltungen auf das Gebiet der Wahrscheinlichkeits= rechnung und ich muß, des bessern Verständnisses halber, über diese letztere einige erläuternde Worte vorausschicken. Was man im Allgemeinen unter Wahrscheinlichkeits= rechnung versteht, deutet schon der Name an; nämlich die Berechnung der Wahrscheinlichkeit, daß irgend ein näher bestimmtes Ereigniß eintreten wird. Nehmen wir einen gewöhnlichen sechsseitigen Würfel und werfen ihn beliebig auf den Tisch. Es fragt sich, wie groß ist die Wahrscheinlichkeit, daß gerade eine bestimmte Seite, wir wollen annehmen diejenige mit 4 Augen, oben aufliegt? Offenbar sind hier 6 Fälle möglich, indem der Würfel 6 Seiten hat und beim flüchtigen Hinwerfen keine dieser Seiten vor der andern einen Vorzug besitzt. Von diesen 6 Fällen ist aber für mich bloß ein einziger, günstig und die Wahrscheinlichkeit, daß beim ersten Wurfe gerade dieser Fall eintritt, ist gleich $\frac{1}{6}$. Hätte ich zwei Seiten des Würfels gewählt, also etwa die mit 4 Augen und die mit 5 Augen, so sind unter den 6 möglichen Fällen 2 für mich günstig, und die Wahrscheinlichkeit, daß einer von diesen 2 Fällen beim ersten Wurfe eintritt ist gleich $^2/_6$; die Wahrscheinlichkeit, daß keiner dieser beiden Fälle eintritt ist aber gleich $^4/_6$, da 4 Fälle gegen mich sind. Die Unwahrscheinlichkeit ist also hier größer als die Wahrscheinlichkeit. Der Bruch, welcher die Wahrscheinlichkeit ausdrückt, zu demjenigen addirt, der die Unwahrscheinlichkeit bezeichnet, liefert als Summe stets Eins, d. h. die Gewißheit. Je näher der Bruch für die Wahrscheinlichkeit der Zahl Eins kommt, um so größer ist dieselbe, für Eins selbst tritt die Gewißheit ein. Ist der Bruch, der die Wahrscheinlichkeit repräsentirt, gleich $^1/_2$, so hat man eben so viel Chancen für als gegen, ist der Bruch kleiner als $^1/_2$, so verwandelt sich die Wahrscheinlichkeit in Unwahrscheinlichkeit, d. h. das Gegentheil ist wahrscheinlicher.

Kehren wir jetzt wieder zu unserer kleinen Tabelle zurück, so wird Jeder leicht verstehen, was es heißt, wenn ich frage: „Wie groß ist nach dieser Tabelle die Wahrscheinlichkeit, daß ein 35jähriger Mann 50 Jahre alt wird?" Um diese Frage zu beantworten, suchen wir in unserer Tafel die Zahl der Lebenden im Alter von 50 Jahren und dividiren sie durch die Zahl der Lebenden von 35 Jahren, erhalten also 300:408 oder sehr nahe $^3/_4$. Das ist nach dem Vorhergehenden eine ziemlich hohe Wahrscheinlichkeit, indem sie besagt, daß von je 4 Leuten, die heute 35 Jahre alt sind, durchschnittlich 3 das fünfzigste Lebensjahr erreichen werden. Fragen wir weiter, wie groß die Wahrscheinlichkeit ist, daß diese Leute, nachdem sie 50 Jahre alt sind, noch fernere

15 Jahre leben werden, so bietet uns die Tafel in gleicher Weise hierzu das Material. Wir finden, auf demselben Wege wie oben, diese Wahrscheinlichkeit zu $^{160}/_{300} = {}^{16}/_{30} = {}^{8}/_{15}$. Unter 15 Fällen sind also 8 günstige, d. h. von je 15 Leuten von 50 Jahren werden durchschnittlich 8 das Alter von 65 Jahren erreichen. Mit zunehmendem Alter nimmt die Wahrscheinlichkeit, noch eine Anzahl von Jahren leben zu können, sehr schnell ab. Berechnen wir z. B. die Wahrscheinlichkeit, daß ein Mann von 65 Jahren noch weitere 15 Jahre leben wird, so gibt uns die Tabelle hierfür $^{38}/_{160}$ oder etwas weniger als $^{1}/_{4}$. Das ist also schon eine große Unwahrscheinlichkeit, indem unter je 4 Leuten von 65 Jahren nur ein Einziger das achtzigste Jahr erreicht.

Wir können unsere Tabelle noch zu einer weiteren interessanten Untersuchung benutzen, nämlich zur Ermittelung der Wahrscheinlichkeit der Dauer einer Ehe für eine bestimmte Jahresreihe. Nehmen wir an, man frage nach der Wahrscheinlichkeit, daß die Ehe zwischen 2 Personen, von 25 und 35 Jahren, noch nach 15 Jahren nicht durch den Tod aufgelöst sei. Man hat zu diesem Zwecke die Wahrscheinlichkeiten für die 15jährige Lebensdauer jeder der beiden Personen mit einander zu multipliciren. Nach unserer Tafel ist diese Wahrscheinlichkeit für das Alter von 25 Jahren gleich $^{370}/_{469}$ oder sehr nahe gleich $^{8}/_{10}$, für jenes von 35 Jahren, wie wir schon oben fanden, gleich $^{3}/_{4}$. Demnach ist die Wahrscheinlichkeit, daß diese beiden Personen 15 Jahre zu=

sammen leben werden, gleich $^8/_{10} \times {}^3/_4 = {}^{24}/_{40}$ oder $^6/_{10}$. Dieser Fall ist also noch immer wahrscheinlicher als das Gegentheil, indem er unter je 10 Beispielen durchschnittlich 6 Mal eintritt. Auf der Berechnung dieser Wahrscheinlichkeiten beruht die Feststellung der Witwenpensionen.

V.

Nach dem, was wir im vorigen Artikel kennen lernten, weiß Jeder sofort, was man zu verstehen hat, wenn es heißt, daß die mittlere Lebensdauer des Individuums diejenige ist, für welche die Lebenswahrscheinlichkeit gleich $\frac{1}{2}$ ist. Es ist klar, daß dies eintritt, wenn die Zahl der Personen des Alters, von dem man ausgeht, durch den Tod auf die Hälfte zusammengeschmolzen ist. Man könnte daher wieder unsere kleine Tabelle benutzen, um aus derselben die mittlere Lebensdauer für die einzelnen Altersklassen zu berechnen; allein sie ist zu allgemein gehalten, um genauere Resultate zu erlangen. Ich will daher nebenstehend eine andere genaue Tabelle mittheilen, welche für verschiedene Länder direct die wahrscheinliche Lebensdauer in den einzelnen Jahren des Alters enthält.

Diese Tabelle zeigt, daß die wahrscheinliche Lebensdauer des Neugeborenen in Schweden, überhaupt im Norden am größten ist und daß sie gegen Süden hin ziemlich rasch fällt.

Alter	Mittlere Lebensdauer in Jahren				
Jahre	Schweden	England	Belgien	Niederlande	Baiern
0	51	45	42	34	27
10	53	51	50	50	50
20	43	43	43	42	41
30	35	35	35	34	34
40	27	27	27	26	26
50	19	20	20	19	18
60	13	13	13	12	12
70	7	8	7	7	7
80	4	4	4	3	4

Schon in den ersten Lebensjahren gleicht sich dieser Unterschied, der keineswegs auf klimatische Verhältnisse hauptsächlich zurückzuführen ist, nahezu aus und für die Lebensalter von 10 Jahren ab ist er in ganz Europa völlig unmerklich.

Eine merkwürdige Thatsache ist es, daß in allen genauer untersuchten Theilen Europa's die mittlere Lebensdauer des weiblichen Geschlechtes sich um einige Jahre höher ergibt als die des männlichen. Besonders im ersten Lebensjahre stellt sich das Sterblichkeitsverhältniß sehr zu Ungunsten des männlichen Geschlechtes heraus, gleicht sich dann in den Jahren zwischen 20 und 40 nahezu aus und sinkt dann fast wieder auf den Stand= punkt der ersten Lebensjahre herab, wird also für das männliche Geschlecht immer ungünstiger. Daß die Un= gunst der Zeitverhältnisse, Krieg, Theuerung, Hungers=

noth 2c. auf die Sterblichkeit einen großen Einfluß aus=
übt habe ich schon im dritten Artikel an einer Anzahl
von Beispielen gezeigt.

Gleichwie die Geburten, so sind auch die Todes=
fälle keineswegs auf die einzelnen Monate des Jahres
regelmäßig vertheilt; das Maximum fällt in den Januar,
das Minimum in den Juli. Quetelet hat mit großer
Sorgfalt die jährliche Periode der Todesfälle für die
verschiedenen Lebensalter untersucht und ist dabei zu dem
Resultate gelangt, daß der Einfluß der Jahreszeiten auf
die Sterblichkeit sich nirgend stärker geltend macht als
in der frühesten Kindheit und im Greisenalter und nirgend
weniger als zwischen 20 und 25 Jahren, wenn der
Mensch körperlich im Vollbesitze seiner Kräfte steht. Auch
eine tägliche Periode macht sich in der Häufigkeit der
Todesfälle bemerklich; im Durchschnitt treten die meisten
gegen Mitternacht, die wenigsten um die Mittagszeit ein.

Vergleicht man die Anzahl der Todesfälle mit der
Anzahl der Bewohner, so findet sich für die verschiedenen
Länder und selbst für die einzelnen Theile eines und
desselben Landes ein großer Unterschied.

In Skandinavien stirbt durchschnittlich jährlich ein
Mensch von je 41 Bewohnern, in Dänemark von 45,
in England von 51, in Polen von 44, in Deutschland
von 45, in Rußland von 27, in Oesterreich von 40,
in der Schweiz von 40, in Frankreich ebenfalls von 40,
in Italien von 30, u. s. w. In der heißen Zone sind
die Verhältnisse ungünstiger; in Batavia z. B. stirbt
jährlich Einer von je 26 Einwohnern, in Bombay von

20, auf Guadeloupe von 27. Sehen wir uns die Sterb=
lichkeitsverhältnisse der Städte an, so sind diese nicht
minder verschieden. Quetelet gibt hierüber folgende
Zahlen:

London:	1 Todesfall jährlich auf 45	Menschen,
Glasgow:	47	"
Madrid:	36	".
Livorno:	34	"
Moskau:	33	"
Lyon:	32	"
Paris:	31	"
Kopenhagen:	30	"
Barcelona:	29	"
Berlin:	29	"
Dresden:	28	"
Amsterdam:	27	"
Brüssel:	26	"
Prag:	25	"
Rom:	24	"
Wien:	22	"
Venedig:	20	"
Bergamo:	18	"

Was ist die Ursache dieses so verschiedenen Sterb=
lichkeitsverhältnisses? Treffend beantwortet Reich diese
Frage: „Das Klima, der Stand der Gesundheitspflege
und Sittlichkeit und theilweise auch die Eigenthümlichkeit
der Rasse; alle diese Momente bedingen in ihrer Zusam=
menwirkung das Verhältniß der Sterblichkeit. Wir sehen
dieses Verhältniß für London so gering, für Wien,

Venedig und Bergamo so hoch. In Italien trägt schwerlich
die Rasse zu der hohen Mortalität mancher Städte viel
bei, um so mehr aber das Klima und der Mangel an
Gesundheitspflege. Das Klima Englands ist gut, die
Gesundheitsverhältnisse sind vorzüglich und die Rasse in
hohem Grade widerstandsfähig. In Wien ist die Rasse
vom Pestgifte socialer Fäulniß angegriffen, das Klima
ungünstig, die hygienischen Beziehungen sind dort über=
haupt noch gar keine Beziehungen. Amsterdam exhalirt
aus seinen Grachten zur Zeit der Ebbe pestartige Dünste
und die Gesundheitspflege kämpft daselbst mit den größten
Schwierigkeiten. In Neapel entleert ein Jeder, selbst in
der Toledostraße, alle unnennbaren Gefäße zum Fenster
hinaus ihres wohlriechenden Inhalts, und die Rasse ist
ein wenig angeätzt.

„Je normaler die Rasse sich erhielt und unter je
normaleren Verhältnissen sie dahin lebt, je gesunder, sitt=
licher, gebildeter sie ist, desto geringer die Sterblichkeit.
In günstigen Klimaten und auf gutem Boden kann der
Mensch, wenn er die von der Natur gebotenen Vortheile
entsprechend wahrnimmt, am besten sich erhalten, das
Sterblichkeitsverhältniß am günstigsten gestalten.“

VI.

Betrachten wir die E h e vom Standpunkte der Statistik, so begegnen wir auch hier einer so merkwürdigen Constanz der Zahlen, daß man fast vergißt, wie der Act der Verheirathung im Allgemeinen ein rein willkürlicher ist. Jahr für Jahr begegnet man einer gleich großen Summe von Bewohnern eines Landes, auf die durchschnittlich eine Eheschließung entfällt. Nach L e g o y t kam in Frankreich je eine Ehe

1836	bis	1840	auf	124	Bewohner
1841	„	1845	„	123	„
1846	„	1850	„	128	„
1851	„	1855	„	128	„
1856	„	1860	„	123	„
1861	„	1864	„	125	„

Im Durchschnitte während dieses ganzen Zeitraumes kam also in Frankreich eine Eheschließung jährlich auf je 125 Bewohner. Die Abweichungen von dieser mittleren Zahl sind in den einzelnen Perioden nur gering, aber in ihnen spiegeln sich die socialen und politischen

Sonntag, und Frauen? in dout. Je Italien trägt schwerlich
der Raße zu der hoher Veranlaßung mancher Städte viel
der ... in weit oder das Klima und der Mangel an
Gesundheitspflege. Das Klima Englands ist gut, die
Gesundheitsinstitute sind vorzüglich und die Raße in
guten Hände wohlerhaltlich. In Wien ist die Raße
vor Unglück wenig ständig angegriffen, das Klima
mäßmäßig, der hygienischen Beziehungen sind dort über-
wunden und nur keine Beziehungen. Amsterdam erhält
aus ihrer Gründen zur Zeit der Ebbe pestartige Dünste
und die Gesundheitspflege kämpft daselbst mit den größten
Schwierigkeiten. In Neapel entleert ein Jeder, selbst in
der Toilettenzimmer, alle unnennbaren Gefäße zum Fenster
hinaus ihres wohlriechenden Inhalts, und die Raße ist
ein wenig angreift.

„Je normaler die Raße sich erhielt und unter je
normaleren Verhältnissen sie dahin lebt, je gesunder, sitt-
licher, gebildeter sie ist, desto geringer die Sterblichkeit.
In günstigen Klimaten und auf gutem Boden kann der
Mensch, wenn er die von der Natur gebotenen Vortheile
entsprechend wahrnimmt, am besten sich erhalten, das
Sterblichkeitsverhältniß am günstig en gestalten."

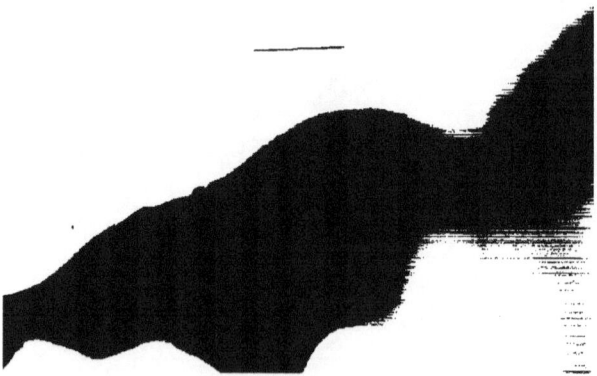

VL

Betrachten wir die Ehe vom Standpunkte der Statistik, so begegnen wir auch hier einer so merkwürdigen Constanz der Zahlen, daß man fast vergißt, wie der Act der Verheirathung im Allgemeinen ein rein willkürlicher ist. Jahr für Jahr begegnet man einer gleich großen Summe von Bewohnern eines Landes, auf die durchschnittlich eine Eheschließung entfällt. Nach Legoyt kam in Frankreich je eine Ehe

        1836 bis 1840 auf 124 Bewohner
        1841 „ 1845 „ 123   „
        1846 „ 1850 „ 128   „
        1851 „ 1855 „ 128   „
        1856 „ 1860 „ 123   „
        1861 „ 1864 „ 125   „

Im Durchschnitte während dieses ganzen Zeitraumes also i̶ f̶ —rich eine Eheschließung jährlich auf Abweichungen von dieser mittleren nen Perioden nur gering, aber die socialen und politischen

b Wissenschaft.   18

Zustände des Landes mehr oder weniger deutlich erkennbar ab. Um diesen Einfluß klarer zu zeigen, will ich die von Achilles Guillard gegebene Tabelle über die Eheschließung in Frankreich zwischen 1813 und 1818 hier hinsetzen:

1813 Strenge Conscription, welche die Verheiratheten schonte	387186	Eheschließungen.
1814 Invasion der Verbündeten, Ruin Frankreichs	193020	"
1815 Friedenszustände . .	246045	"
1816 " zunehmender Wohlstand . .	249247	"
1817 Mangel an Lebensmitteln	205877	"

Die Politiker, sagt Reich, mögen stets im Auge behalten, daß das Sinken der Heirathsziffer unter das normale Maß immer als ein sehr bedenkliches Zeichen von Störung in den Vorgängen des gesellschaftlichen Organismus sich erweist. — Zahlen dieser Art sind für Politiker äußerst wichtig und für die sociale Anthropologie Werthmesser der obwaltenden Zustände.

Im Durchschnitt kommt in England jährlich eine Eheschließung auf 125, in Oesterreich auf 127, in Baiern auf 161, in Preußen auf 123, in Norwegen auf 130 Bewohner.

Vergleicht man das Alter der sich Verehelichenden, so findet man, daß für beide Geschlechter das Decennium zwischen 20 und 30 Jahren am zahlreichsten vertreten ist. Eine genauere Untersuchung zeigt, daß das Maximum der Ehen für die Männer auf das Alter zwischen 25 und 30 Jahren, bei dem weiblichen Geschlecht auf das Alter von 20 bis 25 Jahren fällt. Es ist nicht ohne Interesse, die Vertheilung der Häufigkeit der Ehen auf die verschiedenen Lebensalter in den einzelnen Ländern mit einander zu vergleichen. Die nachstehende kleine Tafel bietet hierzu Material; sie zeigt, wie viele unter 100 Personen eines und desselben Geschlechts sich auf den einzelnen Altersstufen verheirathen.

	unter 20 Jahren		20—30 Jahre		30—40 Jahre		40—50 Jahre		50—60 Jahre	
	Männer	Frauen	Männer	Frauen	Männer	Frauen	Männer	Frauen	Männer	Frauen
England .	2	12	73	70	16	12	6	4	3	2
Belgien .	2	9	50	56	33	24	10	7	4	3
Frankreich	2	19	60	59	27	16	7	4	4	2
Baiern ..	—	4	44	58	39	29	—	—	—	—

Man sieht sofort, daß Baiern in dieser Tabelle eine ganz aparte Stellung einnimmt; die Ursache davon ist bekannt. Nicht wunderbar erscheint es, daß unter diesen Verhältnissen derselbe Staat auch bezüglich der illegitimen Geburten eine besondere Stellung aufweist. Dieselben betragen nämlich beiläufig auf je 100 legitime Geburten

in England   7,
" Belgien   8,
" Frankreich   8,
" Baiern   21.

18 *

Nach Wappäus kommen auf je 10.000 Verheirathungen überhaupt in England 5528, die vor dem 25. Jahre geschlossen worden, in Sardinien 5305, in Frankreich 4312, in Schweden 3629, in Norwegen 3158, in Holstein 2960, in Baiern 2081. „Der Grund dieses Unterschiedes," bemerkt der genannte Gelehrte, „ist offenbar kein physischer, und wenn nach England in dieser Beziehung unmittelbar Staaten mit romanischer Bevölkerung folgen, so zeigt doch die ganze Reihenfolge deutlich, daß überall neben den physischen Factoren auch noch andere von verschiedenem Einflusse auf das absolute Heiratsalter sind. Einer dieser Factoren ist ohne Zweifel der Grad des allgemeinen Volkswohlstandes; daneben ist aber wohl ebenso gewiß die Natur der vorherrschenden Arbeit bei einer Bevölkerung als wichtiger Factor anzuerkennen, und da dieser Factor wiederum nicht in unmittelbarem und nothwendigem Zusammenhange mit der allgemeinen Prosperität einer Bevölkerung steht, so ist auch aus diesem Grunde die gefundene Reihenfolge nicht als eine zuverlässige Scala der Prosperität der verglichenen Bevölkerungen anzusehen."

Es ist ohne Zweifel sehr richtig, was Reich behauptet, nämlich daß jene Zahlen nicht nur auf den Grad des allgemeinen Wohlstandes, sondern auch auf den Geist der Gesetzgebung, den Stand der Vorurtheile und der Sitten und die Zeit der physischen Reife des Volkes hindeuten.

Die legitime Ehe hängt in ihrer Zahl von dem Stande der Gesundheit und Sittlichkeit der Bevölkerung,

von den Gesetzen und vom allgemeinen Wohlstande ab;
je besser diese Verhältnisse, desto mehr Eheschließungen,
desto mehr Liebe in der Ehe, desto besser die Erziehung
der Nachkommen, desto länger die Dauer des Lebens,
desto größer die physische und moralische Kraft der
Nation.

VII.

Der Mensch als Mitglied der Gesellschaft bildet nicht allein rücksichtlich seiner physischen, sondern auch in Bezug auf seine m o r a l i s c h e n Qualitäten einen wichtigen Gegenstand statistischer Untersuchung. Einen directen Maßstab zur Bestimmung dieser Qualitäten in den einzelnen Theilen der menschlichen Gesellschaft gibt es, wie bereits früher hervorgehoben wurde, nicht; man muß auf indirectem Wege sich in dieser Beziehung ein Urtheil zu bilden suchen.

Daß die Moral, überhaupt sittliches Gefühl, dem Menschen nicht angeboren ist, bedarf für den Denkenden keiner weitläufigen Beweise; kleine Kinder haben keinerlei sittliches Gefühl, es muß ihnen erst mühsam anerzogen ja es gibt einzelne Menschen, bei denen die beste Erzie= hung in dieser Hinsicht nur äußerst geringe Resultate erzielt. Unsere Moral ist einerseits durch die Art und Weise der menschlichen Organisation und anderseits durch die Zustände der uns umgebenden Welt bedingt. Als moralisch gilt uns nur das, was der Gesammtheit

Vortheil bringt. Deshalb ist es im Allgemeinen auch nicht richtig, was Thomas Buckle sagt: „Es findet sich nichts in der Welt, was so wenig Veränderung erlitten hat, als jene großen Grundsätze, welche die Moralsysteme ausmachen. Anderen Gutes zu thun, unsere eigenen Wünsche zu ihren Gunsten zu opfern, unseren Nächsten zu lieben wie uns selbst, unseren Feinden zu verzeihen, unsere Leidenschaften im Zaume zu halten, unsere Eltern zu ehren, die Obrigkeit zu achten, dies und dergleichen mehr, sind die Hauptsätze der Moral; aber sie-sind seit Jahrtausenden bekannt und kein Titelchen ist zu ihnen hinzugefügt worden, durch alle Predigten, Homilien und Textbücher, welche Moralisten und Theologen zur Welt gebracht. Wenn wir dagegen den stationären Zustand moralischer Wahrheiten mit dem fortschreitenden Zustande intellectueller Wahrheiten vergleichen, so finden wir in der That einen auffallenden Unterschied. Alle Moralsysteme, welche großen Einfluß geübt, sind wesentlich dieselben gewesen. Ueber unser sittliches Betragen ist jetzt dem gebildetem Europäer nicht ein einziges Princip bekannt, welches nicht auch den Alten bekannt gewesen wäre. Im Verhalten der Intelligenz hingegen haben die Neueren nicht nur in jedem Gebiete des Wissens, das die Alten je zu erforschen versuchten, die bedeutendsten Erwerbungen gemacht, sondern sie haben auch die alten Methoden der Forschung umgestoßen und revolutionirt.“

Man merkt, daß Buckle bei diesen Ausführungen lediglich die beiden Culturvölker der Griechen und Römer

im Auge hat; seine Behauptungen würden selbst nicht
einmal ganz auf die sonst so hoch gebildeten Aegypter
passen. Daß aber lange vor diesen Culturzuständen
Perioden der Uncultur verliefen, während deren die
Menschen einer Moral huldigten, die der unserigen in
vielen Stücken geradezu auf den Kopf schlägt, daran
denkt der englische Autor gar nicht. Ebenso vergißt er
die zahlreichen noch lebenden Völkerstämme, deren mora=
lische Principien auch mit den unserigen nicht harmoniren,
er vergißt jene Wilden, welche ihre von Alter entkräfteten
Genossen verhungern lassen oder begraben oder gar ver=
zehren; er vergißt den überwiegend größten Theil der
Bevölkerung des ungeheueren afrikanischen Continents,
dessen moralische Vorstellungen auf den allerniedrigsten
Stufen blieben bis zum heutigen Tage. Unsere morali=
schen Vorstellungen bleiben keineswegs stationär, sondern
schreiten mit der Bildung, mit dem Wissen vorwärts;
wie hoch stehen dieselben bereits über jenen unserer Vor=
fahren aus der Zeit des dreißigjährigen Krieges! Die
Hauptsätze der Moral sind, wenn man auf die Cultur=
völker des Alterthums zurückgeht, allerdings seit Jahr=
tausenden bekannt; aber war auch ihre Bedeutung richtig
erkannt und wurde sie praktisch bewahrheitet? Wer diese
Frage bejahen wollte, den frage ich, wie es — um ein
Beispiel anzuführen — mit dem, was wir heute Toleranz
in religiöser Beziehung nennen, im Alterthum und
Mittelalter bestellt war?

An und für sich ist der Mensch gar nicht moralisch,
er wird es erst bei einer gewissen Ausbildung seiner

Intelligenz und insofern er ein geselliges Wesen ist. Der specielle Inhalt der Moral, gewissermaßen die Richtung derselben, ist durch die natürlichen Verhältnisse vorgezeichnet und nur aus diesen zu begründen. Wären, bemerkt Darwin, bei irgend einem socialen Thiere die Geisteskräfte hinreichend entwickelt, so würde sich moralisches Gefühl bei ihm bemerklich machen, aber dasselbe würde nothwendig von demjenigen des Menschen wesentlich verschieden sein. Wenn, sagt derselbe Forscher, der Mensch unter den nämlichen Zuständen lebte und erzogen wäre wie beispielsweise die Stockbiene, so ist es nicht zweifelhaft, daß unsere unverheiratheten Weiber es ebenso wie die Arbeitsbienen für eine heilige Pflicht halten würden, ihre Brüder zu tödten und die Mütter würden suchen, ihre fruchtbaren Töchter zu vertilgen und Niemand würde daran denken, dies zu verhindern, da es vollkommen moralisch erschiene.

Die Statistik bietet uns die Mittel, den Einfluß der äußeren Bedingungen, der Naturverhältnisse und der socialen Zustände auf die Moral vergleichend zu betrachten. Die Zahl der Verbrechen, sowohl gegen Eigenthum als gegen Personen, bildet einen sichern Zeiger für das Maß der Moral eines Volkes im Allgemeinen; allein es ist außerordentlich schwierig, ja in vielen Fällen gar nicht möglich, festzustellen, welchen Einfluß hierauf das Klima, der Rassen-Charakter, die socialen Verhältnisse, im einzelnen und für sich, ausüben. Es ist ein großer Fehler, zu glauben, daß Armuth die Häufigkeit der Verbrechen begünstige; im Gegentheil hat die Unter

suchung ergeben, daß gerade in armen Gegenden der Procent=
satz der Verbrechen ein relativ und absolut sehr geringer
ist. In Gegenden und Städten hingegen, wo großer
Reichthum sich aufhäuft und gleichzeitig das Elend der
arbeitenden Klasse ein weit ausgebreitetes ist, da ver=
mehrt sich die Zahl der Verbrechen. Im Allgemeinen
aber ist festzuhalten, daß der Mensch durchaus nicht
Verbrecher wird, wenn oder weil er arm ist, sondern
vielmehr wenn er aus dem Zustande einer gewissen
Wohlhabenheit ins Elend stürzt und sich nicht mehr die=
jenigen Genüsse verschaffen kann, an die er gewohnt ist.

Sehen wir uns jetzt die Resultate der statistischen
Zusammenstellungen etwas näher an, um daraus die
„Neigung zum Verbrechen“ der Bewohner einzelner
Länder zu erkennen.

Nach den statistischen Ermittlungen betrug die durch=
schnittliche jährliche Zahl der vor den Gerichtshöfen in
Frankreich Angeklagten:

von 1826 bis 1830: 7130,
„ 1831 „ 1835: 7466,
„ 1836 „ 1840: 7885,
„ 1841 „ 1845: 7104,
„ 1846 „ 1850: 7430,
„ 1851 „ 1855: 7104,
„ 1856 „ 1859: 6810.

Im Durchschnitt kommt in Frankreich jährlich ein An=
geklagter auf je 4400 Bewohner. Die statistischen Unter=
suchungen in Belgien ergeben, daß für dieses Land durch=
schnittlich pro Jahr 1 Angeklagter auf je 5031 Bewohner

kommt. Von der Zahl der Angeklagten ist die Zahl der Verurtheilten wohl zu unterscheiden und letztere ist natürlich geringer. Es ist nun merkwürdig, daß das Verhältniß der Zahl der Verurtheilten zur Zahl der Angeklagten sich Jahr für Jahr nahezu gleich bleibt. In Frankreich z. B. wurden von je 100 Angeklagten schuldig befunden:

$$1826 : 62,$$
$$1827 : 61,$$
$$1828 : 61,$$
$$1829 : 61,$$
$$1830 : 59.$$

Ueberhaupt kann man für Frankreich annehmen, daß von je 10 Beschuldigten 4 durch Urtheilsspruch frei ausgehen, während 6 überwiesen werden.

Die Zahl der Verbrechen gegen Personen ist keineswegs gleich der Zahl der Verbrechen gegen Eigenthum, auch ändert sich das Verhältniß dieser beiden Zahlen zu einander für die einzelnen Theile eines Landes außerordentlich. Ich will in dieser Beziehung nach den Untersuchungen Quetelet's, die sich auf Frankreich gegen Ende der Zwanziger Jahre beziehen, nur einige Zahlen hervorheben.

Hiernach kam Ein wegen Verbrechens gegen Personen Verurtheilter in Corsica auf je 3224 Bewohner, im Seine-Departement erst auf 25720 und im Departement Indre erst auf 99012 Bewohner. Während aber in Corsica Ein Verbrechen gegen Eigenthum erst auf je 8649 Personen kommt, wurde im Departement der Seine schon von je 2030 Bewohner Einer wegen solchen Ver=

brechens angeklagt. Auf Corsica kommen 3 Mal mehr
Verbrechen gegen Personen als gegen Eigenthum vor,
im Seine=Departement dagegen 13 Mal mehr Verbrechen
gegen Eigenthum als gegen Personen, im Departement
Indre 8 Mal mehr, während in den Departements
Ober=Loire, Lot, Ariége und Arbéche beide Arten von
Verbrechen gleich zahlreich vorkommen.

Zum Vergleich Frankreichs mit einigen anderen
Ländern, mögen aus demselben Zeitraume folgende Zahlen
angeführt werden.

In Dalmatien kam auf je 535 Bewohner ein Ver=
brechen gegen Personen, und auf je 625 Bewohner ein
Verbrechen gegen Eigenthum. Die Zahl der Verbrechen
überhaupt ist also hier verhältnißmäßig 12 Mal
größer als auf Corsica, und ebenso 23 Mal größer als
im Seine=Departement und fast 100 Mal größer als im
französischen Departement Indre.

In Tyrol kommt durchschnittlich auf je 5700 Be=
wohner ein Verbrechen gegen Personen und auf je
1492 Bewohner ein solches gegen Eigenthum. In Mähren
und Schlesien sind die betreffenden Zahlen 12.700 und
2700, in Böhmen 18.400 und 1900, in Ost= und West=
preußen 22.700 und 640, in Brandenburg 39.500 und
700, in Westfalen 38.400 und 1000, in Pommern
92.000 und 1500, in Friesland 13.200 und 3900, in
Nordbrabant 22.000 und 10.000. Diese Zahlen zeigen
den Einfluß, welchen Klima, Rasse und socialer Zustand
vereinigt auf den moralischen Zustand ausüben.

Unterfuchen wir fpeciel, wie fich die beiden Ge=
fchlechter der Neigung zum Verbrechen gegenüber ver=
halten, fo finden wir, daß das zarte Gefchlecht ein
größeres Contingent zu den Verbrechern gegen Eigenthum
als gegen Perfonen ftellt, daß es aber im Allgemeinen
gegen das ftärkere Gefchlecht bedeutend zurückfteht. Von
100 Verbrechen gegen Perfonen fallen in Frankreich nur
16 dem weiblichen Gefchlecht zur Laft, von 100 Ver=
brechen gegen Eigenthum aber 25, und von 100 Ver=
brechen überhaupt find nur 21 dem weiblichen Gefchlechte
zur Laft zu legen. In anderen Ländern ftellt fich diefes
Verhältniß etwas anders. Der Bedeutung des Gegen=
ftandes halber möge folgende Tabelle, welche A. v. Det=
tinger zufammengeftellt hat, hier Platz finden.

Unter je 100 Verbrechern waren:	Männer	Weiber
in England	75	25
Baiern	75	25
Hannover	77	23
Oefterreich	81	19
Holland	82	18
Belgien	82	18
Frankreich	82	18
Baden	84	16
Preußen	85	15
Sachfen	85	15
Oftfeeprovinzen Rußlands	86	14
Spanien	88	12
Rußland	89	11

Aus dieser Zusammenstellung ergibt sich das interessante Resultat, daß in vorwiegend katholischen Ländern
die Zahl der verbrecherischen Weiber weit geringer ist
als in vorwiegend protestantischen, daß es sich aber bezüglich der Männer gerade umgekehrt verhält. „Es
liegt demnach," sagt Reich, „in der katholischen Religion
ein Etwas, welches auf das weibliche Geschlecht moralisirend wirkt, ein Etwas, welches der protestantischen
Religion mehr oder weniger fehlt. Und dieses Etwas ist
die größere Anregung zur Liebe und Barmherzigkeit.
Aus diesem Grunde hat auch in katholischen Ländern
das Elend niemals so hohe Grade erreicht, als in
protestantischen, weil die stets active Barmherzigkeit sofort Balsam in die Wunden goß." Nach diesem Ausspruch findet sich Reich veranlaßt, noch folgenden
Schlußsatz beizufügen: „Um allen Mißdeutungen vorzu-
beugen, erkläre ich hierdurch, daß ich für meinen Theil
weder von der protestantischen noch der katholischen, weder
von der muhamedanischen noch von der jüdischen Religion
entzückt bin, noch auch zu irgend einer Kategorie von
Religionsbekennern mich rechne."

Ob diese Erklärung nothwendig war, brauche ich
nicht zu untersuchen, daß aber der Schluß, den Reich
zieht, nicht zutreffend ist, wenigstens, daß es kein zwingen-
der ist, läßt sich leicht zeigen. Ohne nämlich darauf
hinzuweisen, daß in protestantischen Ländern, wie Preußen
und in Rußland, wo die griechische Kirche herrscht, ein
niedriger Procentsatz verbrecherischer Weiber erscheint,
würde aus den Worten Reich's direct folgen, daß, weil

bie Zahl verbrecherischer Männer in katholischen Ländern eine höhere ist als in protestantischen, in der katholischen Religion ein Etwas läge, was auf das männliche Geschlecht bemoralisirend wirke. Es wäre aber doch wirklich lächerlich, von der katholischen Religion behaupten zu wollen, daß sie auf das schöne Geschlecht moralisirend und auf das starke bemoralisirend einwirke, und daß es sich bei der protestantischen just umgekehrt verhalte!

VIII.

Das Alter übt auf die „Neigung zum Verbrechen"
einen wesentlichen Einfluß, ja auch die Art und Weise
der Verbrechen ändert sich mit den Jahren. Mit der
Entwicklung der physischen Kräfte wachsen gleichzeitig die
Leidenschaften und mit jenen nehmen diese ab. Es findet
hier ein directes und deutlich erkennbares Abhängigkeits-
verhältniß Statt. Beim Beginne des Lebens ist die
„Neigung zum Verbrechen" ganz oder doch fast ganz
gleich Null, sie wächst bis zu den Jahren zwischen 25 und 30
und zwar sehr rasch, hierauf nimmt sie langsam wieder
ab, ohne indeß, selbst im höchsten Alter, wieder auf den
geringen Stand der frühesten Jugend zurückzugehen. Es
ist dies wie Quetelet richtig hervorhebt, lediglich eine
Folge der angenommenen schlechten Gewohnheiten.

Fragt man nach der Natur der Verbrechen, zuerst
ohne Rücksicht auf das Alter, sondern bloß unter Berücksichtigung des Geschlechtes, so findet man, wie auch
von vornherein nicht anders zu erwarten, sehr bedeutende Unterschiede. Jedes der beiden Geschlechter neigt

vorzugsweise zu gewissen Verbrechen. Quetelet hat in dieser
Beziehung eine außerordentliche instructive Zusammenstel=
lung gegeben, welche die einzelnen, in den Jahren 1826
bis 1829 von den Gerichtshöfen Frankreichs abgeurtheilten
Verbrechen und die Zahl der Verbrecher nach den beiden Ge=
schlechtern unterschieben, aufzählt. Folgendes ist diese Tafel:

	Männer	Weiber
Diebstahl	10677	2249
Hausdiebstahl	2648	1602
Fälschung	1669	177
Verwundungen	1447	78
Todtschlag	1122	44
Mord	947	111
Verbrechen gegen die Sittlichkeit	685	7
Rebellion	612	60
Betrügerische Fallissemente	353	57
Meineid und Verführung dazu	307	51
Verwundung älterer Blutsverwandten	292	63
Brandstiftung	279	94
Kirchendiebstahl	176	47
Vergiftung	77	73
Elternmord	44	22
Kindesmord	30	426

Man sieht aus dieser Tabelle den großen Unter=
schied, welchen das Geschlecht auf die Natur des Ver=
brechens ausübt, von dem Kindesmorde an, wobei das
weibliche Geschlecht mehr als 14 Mal stärker betheiligt
ist, als das männliche, bis zu den Verbrechen gegen
die Sittlichkeit, woran jenes im Verhältnisse von 1 zu 100
gegen dieses Geschlecht participirt.

Guerrey hat die in Frankreich gemachten ver=
brecherischen Angriffe auf das Leben des Nebenmenschen

einem genauen und umfassenden Studium unterworfen und findet, daß auch hier ganz bestimmte Zahlenverhältnisse herauskommen. Unter 1000 Fällen ist die Veranlassung durchschnittlich 237 Mal durch Händel in Wirthshäusern gegeben, 214 Mal durch Habsucht und persönliches Interesse, 124 Mal durch Familienverhältnisse, 10 Mal durch Geiz, Grausamkeit oder Brutalität, eben so oft durch Unverstand oder Irrsinn, Irrthum, Verzweiflung, Todeslust oder Unvorsichtigkeit.

Bezüglich der verschiedenen Lebensalter ergibt die statistische Untersuchung, daß in Frankreich Mord am zahlreichsten in den Jahren zwischen 25 und 35 vorkommt, 20 Mal zahlreicher als im Alter unter 16 Jahren, doppelt so häufig als zwischen 35 und 45 Jahren und 6 Mal häufiger als zwischen 55 und 65 Jahren.

Diebstähle kommen am häufigsten vor im Alter von 16 bis 20 Jahren, zwischen 21 und 30 Jahren nehmen sie an Zahl um $\frac{1}{6}$ ab, im folgenden Jahrzehend des Lebens wiederum um $\frac{1}{4}$ bis ihre Zahl vom 80. Jahre ab auf $\frac{1}{250}$ des Maximums herabsinkt.

Verwundungen erscheinen am häufigsten als Verbrechen von Personen zwischen 25 und 30 Jahren, ebenso Meineid.

Wenn auch im Allgemeinen das Maximum der „Neigung zum Verbrechen" auf das 25. Lebensjahr des Menschen fällt, so gibt es demnach doch gewisse Verbrechen, die ihr Maximum früher oder später erreichen. „So wird der Mensch, hingerissen von der Gewalt seiner Leidenschaften, zuerst zum Verbrecher gegen die Sittlichkeit und fast gleichzeitig tritt er seinen Lauf als Dieb an und diese Neigung zum Diebstahle begleitet ihn fast in=

stinctiv bis zu seinem letzten Athemzuge. Mit der vollen
Entwickelung seiner physischen Kraft greift er zu allen
Acten der Gewaltthat, zum Todschlage, der Rebellion,
dem Straßenraube. Später, mit wachsender Ueberlegung,
wird er heimlicher Mörder und Giftmischer. Noch später
endlich und fortschreitend auf der Bahn des Verbrechens,
substituirt er die Schlauheit der Stärke und wird Fälscher."
Es ist ein betrübender Anblick, den ein solches Bild des
Menschen gewährt, und Quetelet selbst sagt betroffen:
„Die Ursachen und Kräfte, welche das sociale System
beeinflussen, erfahren niemals eine plötzliche Aenderung.
Es gibt ein Budget, das mit einer erschreckenden Regel=
mäßigkeit bezahlt wird, es ist jenes der Gefängnisse, der
Bagno's, der Schaffots. Dieses Budget zu vermindern,
muß unser hauptsächlichstes Bestreben sein." Aber auf
welche Weise ist diese Verminderung herbeizuführen? Die
Culturgeschichte gibt uns hierfür die deutlichsten Finger=
zeige, indem sie beweist, daß die Zahl der Verbrechen
abnimmt, — nicht in dem Maße als die Strafen ver=
schärft, sondern als die Bildung des Volkes gehoben wird.
Bildung, sagt ein bekanntes Sprüchwort, macht frei, sie
verschönert, veredelt und verlängert das Leben. Ohne
Bildung ist der Mensch im wahrsten Sinne des Wortes
ein wildes Thier, grausamer, blutgieriger, heimtückischer
und unbezähmbarer als irgend ein anderes. Rousseau's
Behauptung: der Wilde sei der glücklichste der Menschen
und Uncultur sei der Bildung vorzuziehen, ist die thörichste
von allen seinen Behauptungen.

IX.

Es verbleibt uns, zum Schlusse unserer Umschau auf dem Gebiete der socialen Statistik, noch einen Blick zu werfen auf die Selbstmorde, um zu prüfen, ob auch vielleicht in der Vernichtung des Menschen durch seine eigene Hand sich jene Regelmäßigkeit zeigt, welche wir in den vorhergehenden Artikeln so häufig erscheinen sahen. Der Zustand, in welchem der Einzelne Hand an sich selbst legt, ist im Allgemeinen ein so ausnahmsweiser, daß man von vorneherein, wenig geneigt sein sollte, hier an eine statistische Gesetzmäßigkeit zu glauben. Dennoch zeigen hinreichend genaue Zusammenstellung mit Evidenz, daß auch auf diesem Gebiete der menschlichen Verirrung, die Zahl der Verbrecher, wenn man einen größern Landstrich ins Auge faßt, Jahr für Jahr, wenig von einem mittlern Werthe abweicht. Niemals zeigen sich in diesen Zahlen große Sprünge, wohl aber bemerkt man bisweilen, daß sie sich langsam, im Laufe längerer Zeitperioden vermindern oder auch vermehren. Der letztere Fall ist natürlich kein Beweis für den socialen Fortschritt des betreffenden Landes. Frankreich kann uns hierzu ein lehrreiches Beispiel bieten. Die Anzahl der Selbstmorde betrug nämlich hier:

1827 : 1542	1840 : 2752,
1828 : 1754	1841 : 2814,

1829 : 1904   1842 : 2866,

1830 : 1756   1843 : 3026,

1831 : 2084   1844 : 2973.

Allerdings war das Land in den Jahren 1840—1844 bevölkerter als von 1827 bis 1831, allein die Bevöl=kerungszunahme betrug nur 6 Procent, während die Zahl der Selbstmorde um volle sechzig Procent stieg!!

Auch in der Art und Weise, wie sich der Mensch ums Leben bringt, zeigt sich eine gewisse Reihenfolge der Häufigkeit, doch ist dieselbe für die beiden Geschlechter sehr verschieden. Unter den Männern ist das Erhängen am meisten beliebt, unter den Weibern das Ertränken, welches bei jenen erst in zweiter Linie kommt. In Frankreich erhängen sich durchschnittlich jährlich 666 Männer, 580 ertränken sich, 418 tödten sich mittels Feuerwaffen, 103 durch Kohlendampf, 93 mittels scharfer Instrumente, 69 durch Herabsturz und 45 durch Gift. Was die Selbstmörderinnen anbelangt, so ertränken sich in Frankreich durchschnittlich jährlich 322, 176 machen ihrem Leben durch Erhängen ein Ende, 85 durch Kohlen=dampf, 44 durch Herabsturz, 21 durch Gift, 16 durch scharfe Instrumente, aber nur 7 jagen sich eine Kugel durch den Kopf. Man sieht, auch in der Art und Weise des Selbstmordes hat jedes der beiden Geschlechter seine eigenen Passionen.

Die Zahl der Selbstmorde ist größer in den Städten als auf dem Lande: aber auch in den einzelnen Städten ist sie sehr verschieden. Während z. B. in Philadelphia auf je 16.000 Bewohner ein Selbstmörder zu rechnen ist, zeigt New-York schon auf 7800 Bewohner, London auf je 5000, Berlin auf je 2900, Hamburg auf je 2200, Paris auf je 2000 und Kopenhagen sogar auf je 1000 Bewohner einen Selbstmord. Diese Zahlen ändern sich natürlich im Laufe größerer Zeitperioden mit dem Zustande der Gesellschaft. Die genauere Untersuchung zeigt, daß für unsere Großstädte die relative und absolute Zahl der Selbstmorde von Jahr zu Jahr steigt; ein trauriges Zeichen der socialen Zustände!

Untersucht man die Häufigkeit der Selbstmorde mit Rücksicht auf das Lebensalter der betreffenden Verbrecher, so findet man die Jahre zwischen 40 und 60 am zahlreichsten vertreten, während unter 20 Jahren nur wenige Thaten dieser Art verübt werden. Eine Ausnahme hiervon macht Berlin, wo die meisten Selbstmorde im Alter von 20 bis 30 Jahren verübt werden und die Altersklasse von 10 bis 20 Jahren ein nur wenig geringeres Contingent stellt.

Interessant ist die tägliche Periode der Häufigkeit der Selbstmorde. Die Meisten fallen auf die Stunden zwischen 10 und 12 Uhr Vormittags, von hier nimmt ihre Zahl langsam ab und ist am geringsten zwischen 2 und 4 Uhr Morgens. Außerordentlich klar tritt der Einfluß der Jahreszeiten auf die Zahl der Selbstmorde hervor. Das Maximum fällt in die Monate Juli bis September, das Minimum tritt im Januar, Februar und März ein.

Aus allem Vorhergehenden ergibt sich deutlich, daß der Mensch, sobald man große Massen ins Auge faßt, bei allen seinen Handlungen mit der größten Gesetz= mäßigkeit verfährt. Mag er sich verheirathen, mag er sich

töbten, mag er seine Hand nach dem Gute oder dem
Leben seines Nebenmenschen ausstrecken: stets scheint er
unter dem Einflusse bestimmter Ursachen zu handeln,
und außerhalb seines freien Willens gestellt zu sein.
Was muß man hieraus schließen? Muß man an einen
verberblichen, trostlosen Fatalismus glauben, der den
Menschen auf den Weg des Verberbens treibt und von
dem keine sittliche Kraft ihn fortreißen kann? Nein,
gewiß nicht! Der Mensch, sagt Quetelet, vermag
innerhalb der Sphäre der freien Willensthätigkeit, alle
Kräfte seines Verstandes anzuwenden, um fremden Ein=
gebungen zu folgen oder ihnen zu widerstehen. Aber
die Erfahrung lehrt, daß während der Eine triumphirt,
der Andere unterliegt, und daß unter dem Einflusse socialer
Ursachen, welche uns mehr oder weniger beherrschen,
dieselben Wirkungen sich periodisch in derselben Ordnung
wiederholen. Wenn es mir einfiele, vor meiner Thüre
das Pflaster aufreißen zu lassen und man mir am
nächsten Morgen mittheilte, daß während der Nacht
mehrere Personen dort gefallen seien und sich beschädigt
hätten: dürfte ich mich darüber wundern? Und hätte
ich nicht Unrecht zu behaupten, ich sei n i ch t die Ursache
dieser Unfälle, weil Jeder seinen freien Willen gehabt,
zu gehen, wohin er wollte, und sich Licht mitzunehmen?
Nun wohl, ein großer Theil der moralischen Fälle auf
socialem Gebiete, entspringt aus ähnlichen Gründen und
man kann sich nicht genug bemühen, die Ursachen aus
dem Wege zu räumen, denen sie ihren Ursprung ver=
danken. Hier ist es, wo der G e s e tz g e b e r eine hohe

Miſſion erfüllen kann. Indem er das Medium verändert, in welchem der Menſch lebt, kann er die Exiſtenzbedin= gungen Seinesgleichen verbeſſern. Oder bin ich vielleicht deshalb Fataliſt, weil ich erkannt habe, daß die Luft, in der ich lebe, mir ſchädlich iſt, mich tödtet? Laßt mich eine beſſere Luft einathmen, verbeſſert · das Medium, worin ich leben muß, und ihr werdet mir eine neue Exiſtenz geben! In ähnlicher Weiſe kann meine moraliſche Exiſtenz ſtark und geſund ſein, ohne daß es mir deshalb immer möglich iſt, den tödtlichen Urſachen zu wider= ſtehen, die auf mich eindringen. Meine ſittliche Exiſtenz iſt faſt fortwährend in euren Händen ihr Geſetzgeber; eure Inſtitutionen dulden oder beſchützen ſelbſt eine Menge von Gefahren und Fallſtricken: und ihr züchtigt mich, wenn ich unvorſichtig unterliege! Wäre es nicht beſſer, wenn ihr ſuchtet, die Abgründe längs deren ich wandeln muß, auszufüllen, oder wenn ihr wenigſtens bemüht wäret, meinen Weg zu erleuchten?

Das iſt die richtige Interpretation der ſtatiſtiſchen Ergebniſſe, nicht jene, welche eine Nothwendigkeit lehrt, die das Individuum den Abgründen zutreibt, die ſeine phyſiſche und moraliſche Exiſtenz vernichten. Es gibt eine menſchliche Willensfreiheit, aber eine begrenzte, relative, keine abſolute. Dieſe Grenzen ſteckt ſich der Einzelne nicht ſelbſt, ſondern ſie ſind bedingt durch ſeine intellectuelle Entwickelung und ſeine ſociale Stellung. Je mehr Bildung, um ſo mehr Willensfreiheit.